孟老師的 **中式麵食**

孟兆慶★著

串起記憶中散落的珍珠

從小我們家也愛吃麵食，但很多朋友好奇，我明明是南方廣東人，怎麼會也愛吃麵食？那得從眷村的生活說起。

從小眷村裡的米、油、鹽、麵粉皆採「配給制」，但那個年代那來那麼多的白米供養一家大小？來自「美援」的麵粉往往占了一家主食的一大半；為了生活度日，眷村媽媽們無不練就一身功夫，把一袋袋麵粉變成桌上佳餚，因此不分東南西北，家家戶戶都有一本屬於自己的「麵食經」。

印象中，父親特別愛吃麵，早餐都是把前日家中的剩菜，拿來做成乾拌麵，有什麼就拌什麼，但是他只要在碗裡加一點蔥花、辣油，或是芝麻醬、辣豆瓣醬，就可以變成各式各樣的乾拌麵；就算我們吃膩了麵，想要換換口味，來點稀飯，或是土司，但父親永遠都會再「附上一碗麵」，「早餐吃麵」成了我家幾十年來的傳統。

有時母親也會自己擀麵皮、包水餃，或是自己烙餅，但畢竟不是北方人，我們家變化出的麵食總是有限。

最近幾年，我很喜歡和孟老師詢問有關麵食的問題，我們有聊不完的話題，我甚至跑去她的烘培教室「湊熱鬧」，玩耍了幾堂西式烘培點心；孟老師是我遇過極少對點心及麵食如此堅持的人，她的食譜絕不添加什麼人工及化學藥劑，她對於市場上那些嘩眾取寵、虛有其表的點心，和我一樣深惡痛絕；我們兩個人最大的感慨就是，許多朋友都已經忘記了那些簡簡單單，來自麵粉、雞蛋、奶油、糖等天然食材組合而成的醇香及口感，卻只是一味追求「濃妝艷抹，味俗質差」的麵食點心；每每想起那些在嚇人麵包店門口大排長龍的消費者，我們總是搖頭嘆息。

孟老師這本中式麵食，我早已期待許久，她真是不厭其煩，把她山東人的全數本領一一展示出來，從麵食的種類、製作，到保存及多元應用都詳細述明，連過程步驟也一一分鏡解說，那要不是擁有對麵食的熱情和熟稔，是無法克服這些煩人細瑣的折磨的。

也許讀者未必會自己製作麵條、擀水餃皮，或是烙餅，做包子、饅頭，但是這本書卻給了讀者一個完整的基礎，也讓我們了解這些中式麵食點心的天地竟是如此的寬廣而豐富。

對我來說，每一個章節，都像是我兒時記憶中散落一地的珍珠，每一道料理都是無比渾圓透亮的珍珠，孟老師拿起針線，穿越了記憶的輾轉流離，串起每一粒珍珠，把中式麵食的精華、璀璨，再次呈現。

想起了孟老師每次在我節目中，對我殷殷期許，要我大力發揚那日漸式微的麵食文化，我總是感覺雙肩沈重，但我相信，有孟老師在，我會更加理直氣壯，讀者也更可以在本書中體會孟老師的用心良苦。

從「三光」到「三香」

我承認我是一個百分之百的麵食族！

工作得再辛苦、再累……如果能夠吃一碗麵！哇～～那有多幸福呀！

肚子餓到一個不行的時候……如果能夠吃一頓餃子！哇～～光想著就夠美的了！

正因為自己對麵食的喜愛，所以對於坊間販賣的各種麵食，我可是挑得很呢！像是那種靠著添加劑的幫助才能發起來的包子和饅頭，一吃就覺得洩氣，咬在嘴裡一點勁都沒有，用手一壓……斗大的饅頭頓時變成了一顆「魚丸」；還有那種七早八早就已經煮好的麵條，放在那裡早就乾成一櫚，等你點了之後廚師再回鍋加熱把麵弄散，每當我發現這種情況時，我真想把整碗麵扣在廚師的頭上；還有最明顯的就是水餃的皮，手工擀出來的皮，吃進嘴裡的彈性就是會有「ㄅㄨㄞ ㄅㄨㄞ」的感覺！就是和超市冰櫃裡賣的機器餃子不一樣。

孟老師能夠在經濟不景氣的 2009 年勇敢地推出這本麵食食譜，真是一個鼓勵大家「自力救濟」的最佳良方，與其拿著白花花的錢去外面買——讓自己痛心！為什麼不自己在家裡拿著白花花的麵粉動手做——讓自己開心呢？而且那種親自動手做的樂趣，絕對不是花錢能夠買得到的！

重點是，孟老師的個性大家又不是不知道，她的食譜絕對把內容交待得巨細靡遺，只要是她知道的步驟和她認為重要的細節，她通通都會寫在食譜裡面，讓所有的人都能一目瞭然，就算是你買了之後還是有地方看不懂、看不明白的，嘿嘿嘿！她還能夠透過網路和其他的方式，為你提供「售後服務」呢！

相信如果府上有了這麼一本「秘笈」之後，所有的麵食將再也難不倒你了，或許經過這次的金融風暴，剛好孟老師及時推出她的大作，未來台灣又多了好多家好吃的麵食店呢！

我們在美食節目裡，經常告訴大家，不管做那種麵食，當麵粉揉擀到「麵光、盆光、手光」的「三光」境界時，就表示這櫚麵已經揉好了，在此我要藉著這一句話，向大家推薦孟老師的這本新書，希望未來大家都能經常達到「三光」的親自動手做麵食，這樣很快的，府上就會有「製作過程時手上的麵粉香、加熱烹煮時空氣裡的麵食香、吃進嘴裡後的口頰留香」的「三香」境界了！

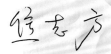

從此你的饅頭不再皺巴巴了！

中式「麵食」對我的意義，不僅是「麵粉做的食物」，而且是「回味的食物」。

以前住在南部眷村「山東村」，街坊鄰居幾乎都是北方人，所以「吃麵食、做麵食」對多數人來說，是一件稀鬆平常的事。童年記憶裡，無論何時走進鄰居的家中，廚房內總會見到一個大蒸籠，永遠是廚房中的必備道具。

家父是山東人，理所當然，家裡的餐桌上，麵食出現的機率遠遠超過米食，其中又以饅頭最為常見。特別的是，饅頭都是出自父親之手，從和麵開始到饅頭出爐，全部過程都不假他人之手，因為父親堅持的製作「要求」，似乎只有他自己才能辦到，別的不說，光是揉麵功夫，就不是三兩下能完成的。每次見到父親做饅頭時，很有耐心地將一份一份的麵糰反覆不停地邊撒粉邊搓揉，在當時還以為那是做饅頭的必然過程，長大後才知道，原來這就是所謂的「嗆粉」動作，正因如此，才能造就正宗山東饅頭那既紮實又富嚼勁的特色，還有淡淡的麵香與自然的甜味。有時候父親沒空自己做饅頭，就指派我去買市售的饅頭「應急」，而我就得遵照「指示」，想辦法買到合格的「貨色」，否則準會聽到幾句「軟趴趴的！」「還帶甜味？」諸如此類的評語；因此每當我憶起父親手拿大蔥啃饅頭的滿足表情，才深深體會何謂「道地的滋味」。

很自然地，長期耳濡目染之下，自己也練就一番做麵食的「基本功夫」，最令人回味的是，以前每逢假日跟著父母親一起包水餃的情景，大家「各司其職」，父親負責和麵、調餡，母親則以擀皮為主，而年幼的我，只能負責將每個「劑子」（分割後的小麵糰）捏圓、壓平，非常簡單的動作，卻因頻繁地接觸，久而久之竟能體會麵糰的「手感」差異；因此偶爾也會自告奮勇擔起「和麵」的工作，即便是

每次做出的麵糰的軟硬度未必理想，但無形中也累積不少經驗，同時也讓我對麵食產生極大興趣。在那個缺乏食譜的年代，憑感覺玩麵糰、做麵食，成了當時最有成就感的「絕活」。有時候父母不在，也不會讓自己餓肚子，就算只有麵粉和水，也能興致勃勃地大展身手，不管是一碗麵疙瘩，還是烙個單餅，對我而言，能夠「獨立作業」，就是求之不得的樂事。

後來年歲漸長，沒想到會做麵食竟然可以作為交誼之用，記得好幾十年前，年輕人聚會時，喜歡分工合作一起「包水餃」，這種現象儼然是當時最時興的活動，因此不用說，我成了主導活動進行的要角；之後只要有人提到有關麵食的種種，許多朋友會不由自主地想到我，甚至在早年很多人對我的印象，竟是「那個會做麵食的山東大妞」！

確實，會做麵食的我，往往給家人或朋友帶來不少吃的驚喜。對於麵食有股難以形容的迷戀，因為其中有親情、有美味，還有回憶。這本書中分享很多關於麵食的點點滴滴，也介紹了很多大家熟悉的家常麵食；因此不用懷疑，書中的每道麵食，都是我親手製作，或許不甚完美，但這就是家庭 DIY 的本質。

為何這次我會出一本麵食的食譜書？理由很簡單，一是因為經常有人苦惱「為何剛蒸好的饅頭會皺巴巴的？」，二是因為「我會做」，於是這本書就誕生了。當然，我更希望因為這本書，「從此你的饅頭不再皺巴巴了」！

目錄

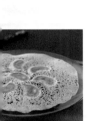

發酵麵食 106

中式麵食具有悠久的歷史，在漫長的發展過程中，以傳統的製作技術，卻能衍生豐富的麵食種類，特別是反映在不同的飲食文化上，不但有可當做主食的包子、饅頭、烙餅、蔥油餅、大鍋餅等，也有茶樓、餐館的麵點小吃，諸如蒸餃、湯包、鍋貼、餡餅等。長久以來，中式麵食與我們的日常三餐，有著密不可分的關係，除了米飯之外，「麵食」即是我們經常接觸的食物，從早餐的蛋餅開始，到街邊小吃、北方麵館，甚至餐廳的筵席，處處可見中式麵食的蹤跡。對一般人而言，中式麵食有股難以抵擋的親和力，不勝枚舉的麵食種類，既經濟又實惠，在滋味各異下，豐富的麵食世界，帶來平民化的美食享受。

以麵粉為主料的中式麵食，能夠做出不同種類、不同風味的產品，所謂「一種麵千種變」，唯有親身體驗才能領略製作的奧妙。事實上，中式麵食用料簡單，製作過程並不複雜，以家庭 DIY 而言，絕對能夠輕易上手，就像包水餃、做個蔥油餅，甚至來個手擀麵，已是很多人的「基本功夫」，猶如家常便飯似的，做得輕鬆又自在；不過更難得的是，自己動手做的趣味與獨家美味，讓人樂此不疲。

中式麵食的基本分類

簡單的說，麵粉加水即會形成麵糰，而水量的多寡或水溫的高低，則會影響麵糰的性質，利用這樣的特性即能調製出不同口感的麵食，即稱「水調麵食」；在麵粉、水兩項材料之外，若再添加酵母或其他的麵種，混合成糰所製成的麵食，即稱「發酵麵食」，分別簡述如下：

水調麵食

麵粉在正常的吸水範圍之內，水分加得越多，調製出的麵糰越軟，反之，水分加得越少，所調製出的麵糰也就越硬。然而隨著水溫的升高，麵粉的吸水量也就增加，主因是麵粉中的澱粉受熱所產生的糊化作用；因此，「水溫」的高低會影響麵粉的吸水性，依不同的麵食類別，必須調製適當軟硬度的麵糰來製作。為了方便理解與製作，將不同水溫所調製的麵糰，略分為**冷水麵**、**燙麵**以及**全燙麵**，說明如 p. 20。

發酵麵食

凡利用水、酵母（或麵種）以及麵粉等主要材料，混合成糰後所製成的麵食，均稱為「發酵麵食」。酵母菌在麵糰內的發酵過程中，因吸收醣類以及各種養分的作用，而產生大量的二氧化碳氣體，促使麵糰膨脹；經過熟製後，成品體積變大並出現

孔洞組織，觸感富彈性，口感鬆軟，且具有特殊的發酵香味。調製適當的發酵麵糰並掌握麵糰的發酵程度，是製作發酵麵食時不可忽略的工作。

製作中式麵食的要點

　　就家庭製作麵食而言，「美味」是首要的訴求，其次才是「外觀」的講究，因此，掌握**用料品質**與**製作技巧**，即能做出完美的麵食成品；以下是幾項製作麵食的要點：

1. **材料的品質**：各種材料都有不同的存放時間，過期的材料，其新鮮度降低，有可能影響成品的品質；例如：主料中的麵粉的品質好壞，就需要多加注意。

2. **體會揉麵的手感**：以書中的材料用量來製作，有時難免出現使用不同等級的麵粉，而產生麵糰吸水性不同的狀況，因此每次製作相同產品時，可多體會一下，揉麵時麵糰的乾濕度是否不同，可適時增減水分的用量。

3. **製作的大小與熟製的時間有關**：依據書中的麵食大小，所列出的熟製時間，是根據當時的狀況所做的記錄，因此數據僅供參考，製作細節請看各個單元的說明。

4. **力求秤料準確**：將材料中的配方份量準備齊全並力求準確，絕對是成功製作的首要條件，雖不必苛求百分之百的精確度，但也不可誤差過大；通常量少的乾料（例如：即溶酵母、鹽、白胡椒粉等）或是濕性材料（例如：沙拉油、醬油、白麻油等），則可利用標準量匙計量，但須注意乾性的材料需與量匙平齊。

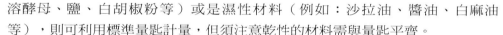

標準量匙附有四個不同的尺寸：
1 大匙（1 Table spoon 即 1T）
1 小匙（1 tea spoon 即 1t）或稱1茶匙
1/2 小匙（1/2 tea spoon 即 1/2t）或稱1/2茶匙
1/4 小匙（1/4 tea spoon 即 1/4t）或稱1/4茶匙
（書中的材料有些僅需1/8小匙，是取1/4小匙的一半用量即可。）

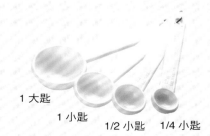

1 大匙　　1 小匙　　1/2 小匙　　1/4 小匙

材料中的即溶酵母，用量不多，因此使用標準量匙來取用較方便，即溶酵母的重量與量匙換算後的標示如下：
1克＝1/4小匙
2克＝1/2小匙
3克＝1/2小匙＋1/4小匙
4克＝1小匙
5克＝1小匙＋1/4小匙
說明：
1/2小匙＋1/4小匙＝3/4小匙，但標準量匙中並無3/4小匙，未免誤差，最好分別使用1/2小匙以及1/4小匙（注意：其他材料因比重不同，不能根據以上的換算用量）。

中式麵食的品嚐與再加熱

一般來說，中式麵食應講究「熱食」，趁熱食用，較能品嚐最佳風味，尤其包餡類的產品，一旦冷卻後，風味則大打折扣，因此必須依據食用的份量來製作。而剩餘的麵食隔了一段時間需要再加熱時，大多以「蒸」或「煎」的方式為主，麵食再加熱的原則如下：

蒸

◎ 包餡或未包餡的發酵麵食，須以「蒸」的方式再加熱，較能保有成品應有的溼度，例如：饅頭、花捲、包子、泡饃以及蔥花烙餅等。

◎ 乾烙的水調麵，須以「蒸」的方式再加熱，較能恢復成品的軟度，例如：原味單餅、荷葉餅。

煎

◎ 以油煎製成的麵食，仍應以「煎」的方式再加熱，例如：蔥油餅、手抓餅、鍋貼、餡餅以及水煎包等。

◎ 包餡類的水調麵食，應以「煎」的方式再加熱，較能避免風味的流失，例如：水餃、蒸餃以及湯包等。

中式麵食的保存

大多數的中式麵食，都適合一次多做一點，然後冷凍保存再慢慢食用，但須注意的是，不同類別的麵食，因為麵糰的不同屬性，而必須分別以「生」或「熟」的不同型態冷凍保存，才能保有原來的美味，以下是各式麵食的保存方式：

水調麵食

水調麵食的產品製作完成尚未熟製，經過適當的包裝，並做好防沾處理，即能放入冷凍室保存。

麵條類

如手工麵條、貓耳朵以及麵片等，放入塑膠袋內（或保鮮盒內），事先必須撒些麵粉，以避免沾黏。

🍜 包餡類

包餡類麵食包含水餃、蒸餃、湯包、鍋貼以及餡餅等，可直接放入撒過麵粉的保鮮盒內冷凍保存，或先放在撒過麵粉的餐盤上，冷凍凝固後再取出放入塑膠袋內，包好後再放回冰箱的冷凍室保存。

🍜 薄餅類

薄餅類的麵食製作完成後，以保鮮膜隔絕重疊，即可放入冷凍室保存。

發酵麵食

由於發酵麵糰在低溫下仍有可能處在發酵狀態，因此最好將成品**熟製完成**後，再密封冷凍保存；例如：饅頭、花捲，以及各式烙餅等。

中式麵食的用料

本書中的麵食，以一般家庭方便取得的食材來製作，同時完全避免使用化學添加劑、人工香料以及色素等，以下是製作中式麵食時常會使用的基本食材：

麵糰的用料

🍜 中筋麵粉

中筋麵粉又稱粉心麵粉，是製作麵條、水餃皮、饅頭、包子皮以及各式烙餅的麵粉種類。麵粉中的麵筋蛋白（Gluten Protein）是促成麵糰形成最主要的蛋白質，依其含量的高低，麵粉粗略分為高筋、中筋及低筋，而麵粉的吸水量，也與麵粉內含蛋白質的多寡成正比，因此筋性越高的麵粉吸水量也越高。

🍜 酵母

目前市面上常見的酵母，分別有**即溶酵母**、**乾酵母**以及**新鮮酵母**等，本書中的麵食，均以即溶酵母製作，而麵種的培養則以新鮮酵母製作，不同的酵母使用方式分別如下：

即溶酵母　　　　　　　　　　　　新鮮酵母

酵母種類	酵母用量	使用方式	儲存方式與時間
即溶酵母（Instant Dry Yeast）	1	直接與其他材料混合使用，用量省，發酵快。	密封後放入冰箱冷藏可保存約1年。
乾酵母（Dry Yeast）	1.5（即溶酵母的1.5倍）	加入5倍酵母的水量（使用材料中的水量）待溶解後恢復活性再使用。	密封後放入冰箱冷藏可保存約1年。
新鮮酵母（Fresh Yeast）	3（即溶酵母的3倍）	取材料中的水調勻溶化，再與其他材料混合攪拌。	密封後放入冷藏室保存約1個月，或冷凍保存約半年，儘早用完為佳。

🥢 細砂糖

糖的種類很多，各有不同的特性，但用於麵糰或一般調味時，較常使用細砂糖；在發酵麵中添加細砂糖，主要功用是供給酵母菌養分、增加甜味，以及調節產品的柔軟度等。

🥢 油脂

油脂屬於柔性材料，在麵糰中加入油脂有助於軟化產品組織，並減低麵筋的韌性，使得產品具有柔軟度。依不同的來源，油脂一般分為動物性、植物性與動植物混合等三種，為符合健康需求，本書中的用料是捨棄傳統使用的白油（Shortening）、酥油等人工油脂，而以家庭極易取得的任何**液體油**製作（書中統稱為「沙拉油」）。

內餡的用料

調製包餡類的麵食，用料的好壞直接影響成品的品質與風味，因此要製作美味的麵食，有好的材料才足以讓成品加分。主料中的豬絞肉是餡料的基本材料外，其他最普遍又受歡迎的搭配蔬菜，分別有大白菜、青江菜、高麗菜、韭菜等，此外還有根莖類的紅蘿蔔、白蘿蔔，以及醃漬類的酸菜、雪菜等；另外海鮮類的蝦、海參也是常用的食材，不論使用何種食材，都要以新鮮為要。

除了主料之外，調味料的品質與風味，往往影響成品的美味程度，因此在選用時也必須重視，以下是本書中所使用的基本調味料的簡略說明：

醬油

醬油是以黃豆或黑豆為主釀造而成，是製作中式料理不可或缺的調味品。好的醬油需要最少120天以上的自然發酵，有些甚至長達180天以上。完成後的原醬汁含量越高、釀造時間越久，氣味越濃厚且甘醇。因此，選購優質的醬油，有助於餡料的提味功能，並增添自然的甘甜滋味。

白麻油

白麻油是以白芝麻製成，是製作中式料理不可或缺的調味品，而一般人所稱的**香油**，即是指白麻油摻有其他植物油的調和油，通常用於涼拌菜、調餡或其他需要增香的料理上。為了凸顯香氣與濃醇風味，調配餡料時，最好選用純的白麻油（書中的包餡類麵食，均以純的白麻油調配）。

五香粉

可用於肉類的調味辛香料，能去除肉類的腥羶味並提升香氣，經常用於中式的豬肉料理，在一般超市即有販售。

白胡椒粉

可用於肉類的調味辛香料，能去除肉類的腥羶味並提升香氣，經常用於中、西式的各式料理，在一般超市即有販售。

米酒

經常用於中式的各種料理，具有提味增香的效果，少量加入肉餡中，可去除腥味並增加香氣。

蔥、薑

蔥、薑除了經常用於中式料理外，也是調餡時的基本辛香料，可去除肉類、海鮮類的腥味。最好選用較細的蔥，才方便切碎，而薑的選用，儘量以嫩薑為主，應避免使用老薑，味道才不會過於辛辣厚重。

🥢 鹽

鹽的功能主要是讓成品具有適度的鹹味，用於麵糰內則可增加麵筋的強度。

製作中式麵食的用具

本書中的麵食份量，可輕易用手工製作完成，只要基本的搭配道具，就能夠很方便地在家動手做麵食，以下是常用的基本用具：

🥢 平底鍋

是油煎或乾烙時不可少的鍋具，以厚重的不鏽鋼或生鐵材質為佳，受熱均勻，成品上色也較均勻。

🥢 擀麵棍

麵糰需要延展、攤平、擀薄時使用。

🥢 蒸籠

是蒸製麵食不可少的道具，以竹製品為佳，可吸收水氣。竹蒸籠用完後，需清洗乾淨再蓋上蒸籠蓋，用小火蒸乾，再放在室溫下風乾，千萬別日晒，以免蒸籠變形。如使用鋁製蒸籠，雖然易清洗、不易發霉，但最大的缺點是，蒸製時蒸籠蓋內的水滴會滴到麵糰上，而影響成品外觀；使用時可在蒸籠與蒸籠蓋間蓋上棉布或多層紗布，有助於水蒸氣的吸收。一般家庭可選用直徑12吋蒸籠即可，另外較小的蒸籠（約6～7吋）適合蒸製小籠湯包或蒸餃類的小型麵食。

🥢 大刮板

用來分割麵糰或將麵糰塑成工整的形狀。

橡皮刮刀

用來拌合濕性與乾性材料，並可刮除附著在料理盆上的材料，可選用硬質並耐高溫的產品較佳。

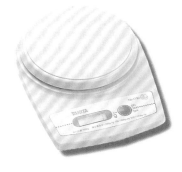

電子秤

電子秤是以數字顯示重量，並以1公克為單位，放上容器後可將標示的重量數字歸零，使用上較刻度的磅秤方便又精確。

防沾蠟紙

可墊在麵糰底部，防止蒸好的成品沾黏，在烘焙材料店有售，有不同的尺寸，非常方便。

網篩

粗孔的網篩可用來過篩麵粉或糖粉。

濾布袋

蔬菜榨汁時，可將攪碎的蔬菜裝入袋內，再擠出水分。

水調麵食

水調麵食的分類

本單元中的水調麵食，分別以**冷水麵**、**燙麵**以及**全燙麵**製成，各式產品所使用的麵糰，分類如下：

麵糰種類	冷水麵	燙 麵	全燙麵
麵糰用料	麵粉＋冷水	麵粉＋滾水＋冷水	麵粉＋滾水
適用產品	麵條、水餃、薄餅	薄餅、蒸餃、湯包、餡餅、鍋貼	薄餅
麵糰特色	具延展性、筋性、彈性	塑性佳、不易變形	麵糰濕黏、塑性最佳、不易變形、色澤偏黃
熟製方式	煮：麵條、水餃 烙：薄餅	烙：薄餅、餡餅 蒸：蒸餃、湯包 煎：薄餅、餡餅、鍋貼	煎、烙：薄餅

水調麵食的製作

從和麵開始到成品製作完成，主要的製作重點有三項，歸納如下：

揉麵 → 整形 → 熟製

揉 麵

依照本書中的份量，很容易以手工揉麵，以下分別就三種不同麵糰說明：

冷水麵 （參見 DVD 示範）

將**麵粉**及**冷水**混合搓揉成糰即可，冷水是指一般室溫的自來水。

■做法

1. 將冷水倒入麵粉中（圖 1）。
2. 用硬質的橡皮刮刀、筷子或擀麵棍，先將容器內的乾、溼材料混合（圖 2）。
3. 用橡皮刮刀不停地攪拌至水分消失後，再用手繼續搓揉成完整的麵糰（圖 3）。
4. 再將麵糰倒在工作檯上，繼續用手搓揉成三光狀（圖 4）。
5. 麵糰蓋上保鮮膜，放在室溫下鬆弛約 30 分鐘，即可開始整形。

🍚 燙麵　💿（參見 DVD 示範）

　　將**滾水**沖入**麵粉**中，攪拌成鬆散狀的小麵糰，再加入適量的**冷水**調成軟硬度適當的麵糰，或稱**半燙麵**。

■做法

1. 將冷水煮滾後，須立即熄火，不要延長加熱時間，以免水分被蒸發而損耗。
2. 滾水以繞圈方式倒入麵粉中，以免滾水集中在定點（**圖5**）。
3. 用硬質橡皮刮刀、筷子或擀麵棍不停攪拌麵粉與滾水，成鬆散的麵糰狀（**圖6**）。
4. 接著倒入冷水（**圖7**）。
5. 用橡皮刮刀或手將所有材料混合均勻，此時即成為濕黏麵糰（**圖8**）。
6. 取出濕黏麵糰放在工作檯上，開始用手繼續搓揉（**圖9**）。
7. 用手輕輕地搓揉麵糰，不要刻意用力，才不易黏手（**圖10**）。
8. 成糰即可，蓋上保鮮膜放在室溫下鬆弛約30分鐘，即可開始整形（**圖11**）。
9. 鬆弛後的麵糰，外表更光滑，且具延展性（**圖12**）。
10. 麵糰特別濕黏時，不需搓揉，只要將乾、濕材料混合成糰，即可開始靜置鬆弛。

🥣 全燙麵

將**滾水**沖入**麵粉**中，完全不加冷水所調製的麵糰。因麵粉內的澱粉須完全糊化，所以麵粉的吸水量也相對提高。

■做法

1. 將冷水煮滾後，須立即熄火，不要延長加熱時間，以免水分被蒸發而損耗。
2. 滾水以繞圈方式倒入麵粉中，以免滾水集中在定點。
3. 用硬質的橡皮刮刀、筷子或擀麵棍不停地攪拌麵粉與滾水，即成一坨一坨的鬆散麵糰。
4. 待麵糰降溫後，再用手輕輕地混合成糰，此時即成為軟 Q 的濕黏麵糰。
5. 可利用橡皮刮刀刮除手上與容器內的濕麵糰，接著在麵糰上抹些沙拉油，再放入保鮮膜內（或塑膠袋內），鬆弛約 1 小時，即可開始製作。
6. 由於全燙麵含水量非常高，因此麵糰非常濕黏，是正常現象，不需搓揉。
7. 只要將麵糰冷卻並鬆弛一段時間，就可順利操作，因麵糰的大小影響，鬆弛時間不盡相同。
8. 全燙麵的產品，請看 p.86 單餅的方法二。

麵糰該撒粉？還是該抹油？

水調麵糰搓揉完成後，需依照產品需要或麵糰特性，將麵糰做適當的**防沾處理**，才能順利進行**鬆弛**、**分割**、**整形**以及**包餡**等動作，因此，任何的水調麵的調製，都須以不黏手、好操作為原則。

撒粉防沾的麵糰→

1. 水煮的麵食，例如：冷水麵的麵條類、水餃類等。
2. 乾烙的麵食，例如：荷葉餅、單餅等。
3. 包餡的麵食，例如：水餃、蒸餃、湯包、鍋貼、餡餅等。

抹油防沾的麵糰→

1. 需要油煎的麵食，例如：蔥油餅、胡椒蔥餅、白芝麻酥餅等。
2. 溼度非常高的軟麵糰，例如：p.86 全燙麵的單餅。

鬆弛的重要性

　　任何水調麵在整形前，都需將麵糰鬆弛，主要目的是使麵糰內的水分完全吸收，鬆弛後的麵糰光滑不黏手，且具有良好的延展性，有利於整形的動作。**冷水麵**的鬆弛時間，依麵糰的軟硬度有所不同，主要以麵糰鬆弛後能順利操作為原則；而水分含量較高的**燙麵**、**全燙麵**，也需等待麵糰冷卻且鬆弛過後，才能進行接下來的工作。

整 形

🥢 分割

1. 水調麵食中除了麵條類之外，無論包餡或未包餡者，分割前需將麵糰搓成長條狀，儘量粗細一致，才方便分割出同等分的麵糰。
2. 同時熟製的麵食，需儘量將麵糰等量分割，才不至於大小不一，而影響煮熟、煎熟或蒸熟的效果，例如：煮水餃、煎鍋貼、蒸湯包時。
3. 書中的麵糰份量與分割大小，都非常方便家庭製作，當然讀者可依個人的需求與喜好，增減份量或調整大小。

🥢 擀麵

1. 需順著麵糰筋性擀麵，當麵糰的彈性過大，不可勉強擀麵，以免麵皮破裂。
2. 擀麵時須適時地撒粉或抹油，以防止麵糰沾黏；撒粉時，以麵糰不會沾黏為原則，不可過量，以免麵糰變硬。

熟 製

　　依水調麵食不同的麵糰特性，須以適當的熟製過程，才能呈現美味的成品，請看每個單元的個別說明。

手工麵條類
不加防腐劑的手工麵條

跟其他很多麵食比起來，製作手工麵條似乎顯得容易又方便。以前經常見到長輩們在家做麵條的情景，沒有磅秤，也不需要食譜，完全憑手感加水和麵，習慣成自然後，麵糰軟硬度的拿捏毫不含糊。靠著雙手揉麵、擀麵、成形，沒多久，擀麵棍上捲著一張大麵皮，然後俐落地在棍子上的麵皮劃上一刀，接著攤開層層麵皮，再一刀一刀地切，成堆的手工麵條就出現了。這樣的過程與品嚐經驗，可不是花錢買現成的機器製麵條能比擬的。以生鮮為訴求的手工麵條，顯現出天然麵香與彈牙的勁道，吃完後齒頰留香，令人讚歎。

簡單來說，只要水與麵粉兩種基本元素就能製作麵條，但其呈現的口感與風味，卻能滿足不同的品嚐者。將和好的麵糰藉由擀、壓、切、削、捏、剪等不同手法，即可製成條狀、片狀或塊狀等不同造型，由此可見，所謂的「手工麵條」涵義甚廣，不限於常見的麵條，就如同書中示範的麵疙瘩、貓耳朵、麵片等，也都具有手工麵條的意義。

在三餐飲食中，「吃麵」就如吃飯一樣平常，不但隨興而且方便，無論陽春吃法，還是搭配精心熬煮的湯料，完全豐儉由人，以不同的料理方式，配上手工製作的各式麵條，足以讓人「吃飽又吃巧」。

新鮮的手工麵條

在家做各式手工麵條，事實上並不困難，即便只靠一根擀麵棍也能順利完成，但最可貴之處，就是美味、營養與健康兼具，屏除人工色素與防腐劑，應用天然食材的特性，製作各種不同色澤與風味的麵條，當然麵條的粗細寬窄，甚至形狀也能隨心所欲。

手工麵條的製作流程

在所有水調麵的產品中，麵條的麵糰最為乾硬，如此才適合在滾水中加熱煮製，同時也能具備應有的嚼感與韌性；依照個人操作的方便性，如果以手工揉麵，麵糰內的水分約為麵粉的 45％左右，如有攪拌機代勞，則水分可減為 42％左右，總之，以麵粉加水後能夠聚合成糰為原則。製作手工麵條可分為下列四個基本流程：

揉麵 → 擀麵 → 切麵條 → 煮麵條

揉 麵 （參見 DVD 示範）

此處以基本的原味麵條為例，由此延伸

份量： 4 人份

■材料

1. 鹽　2 克（1/4 小匙）

2. 冷水　135 克

3. 中筋麵粉　300 克

■做法

1. 鹽倒入冷水中，攪拌至鹽融化（圖1）。

2. 將鹽水約1/2的量倒入麵粉中（圖2）。

3. 用手將鹽水與麵粉混合（圖3）。

4. 再將剩餘的鹽水倒入麵粉中（圖4）。

5. 繼續用手將水與麵粉混合，此時的麵粉吸收較多的水分，攪勻後成鬆散的溼麵糰（圖5）。

6. 將鬆散的溼麵糰揉成完整麵糰（圖6）。

7. 將鋼盆中的麵糰移至工作檯上用手繼續搓揉，以向內捲的方式，揉成光滑狀（圖7）。

8. 用手將麵糰整成圓錐狀，鬆散的底部捏緊（圖8）。

9. 麵糰整形成光滑的圓錐狀（圖9）。

10. 將圓錐狀麵糰壓平，放在室溫下鬆弛約 30 分鐘，才可繼續進行擀麵的動作（圖10）。

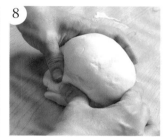

＊全程以手工製作時，盡量將麵糰揉成光滑狀，會縮短擀麵的時間，如家中有攪拌機以及壓麵機，則將麵糰攪成糰狀即可。

＊將水分分次加入麵粉中，讓水分與麵粉慢慢結合，先混成鬆散的溼麵糰，再揉成完整麵糰，以漸進的方式混合乾溼材料，有助於檢視水分是否足夠，可適時添加。

  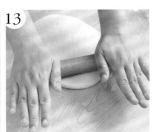 

擀 麵  （參見 DVD 示範）

　　麵糰內的水分含量極低，因此搓揉完成後，麵糰筋性即會產生，因此麵糰需確實「鬆弛」，亦稱「醒麵」，時間約 30 分鐘，以便順利進行之後的擀麵動作，將麵糰擀成適當的形狀與厚薄，即可開始切麵條。擀麵的方式如下：

1. 用手將圓形麵糰壓平（**圖11**）。
2. 將圓形麵糰向前、後擀開，即呈橢圓形麵糰（**圖12**）。
3. 接著向四個角延伸擀開，即呈現四邊形（**圖13**）。
4. 繼續向四邊慢慢擀開，即呈長方形麵片（**圖14**）。

＊為方便手工擀麵與切麵條的動作，麵糰最後擀成厚約 0.2 ～ 0.3 公分即可，待麵條切完後，再用手慢慢拉長拉細。

＊將不規則麵糰擀成長方形（或正方形）的過程：**先整成圓形 → 擀成橢圓形 → 再擀成長方形**（或正方形），可方便將麵皮切出長短一致的麵條。

＊麵糰擀成圓形或任何形狀的麵片均可，但盡量擀成工整形，才可切出長短一致的麵條。

＊在擀麵過程中，如出現麵糰延展性不佳時，可將麵糰鬆弛數分鐘即可改善。

＊在擀麵過程中，須適時在麵糰底部或正面撒上麵粉，以防止麵糰沾黏。

切 麵 條 （參見 DVD 示範）

1. 長方形麵片擀成厚約 0.3 公分的厚度，將麵片撒上均勻的麵粉再三摺重疊（**圖15**）。
2. 切成寬約 0.2 ～ 0.3 公分的麵條（**圖 16**）。
3. 將切好的麵條，撒上麵粉再攤開，用雙手輕輕地將麵條拉長（**圖 17**）。
4. 麵條分成 4 等分（或數等分），可方便冷凍保存或取用（**圖 18**）。

15　16　17　18

　＊ 麵糰擀好後，為避免麵糰沾黏，需撒上足夠麵粉，再摺疊出方便切
　　 割的大小。在切割時如有黏刀現象，也須適時撒上麵粉。

　＊ 切麵條時，可依照個人操作的熟練度或口感偏好，切成適當的寬度，
　　 或切成寬條做成貓耳朵（如 p.38）或小麵片（如 p.40）。

煮 麵 條

煮麵條時的注意事項如下：

1. 以有深度的鍋子煮麵條較方便，以避免水沸騰後容易溢出。

2. 鍋中的水量要足夠，約為麵條的 10 倍以上。

3. 將水煮滾後，再倒入麵條，接著用筷子攪散，再用中小火繼續煮。

4. 如麵條較厚、較寬，為了能順利煮透、煮熟，可在麵條入鍋後又達沸騰狀態
　 時，加入約 1 杯的冷水降溫（一般量米杯），即稱「**點水**」，加了冷水又再次
　 沸騰後，即可依煮熟的程度，決定是否該撈出。

5. 依麵條的厚薄、寬窄差異或個人的口感偏好，煮麵條的時間未必相同，因此為
　 了掌握麵條的最佳口感，可用試吃方式來確認麵條熟度。

6. 煮熟後撈出的麵條，視食用需要，可將麵條泡在冰水中立刻漂涼，以保持麵條
　 口感的 Q 度與韌性（如涼麵製作時）。

7. 剛撈起的麵條，可立刻撒上油脂攪拌均勻，即可避免麵條沾黏。

　＊麵條煮熟後可依個人喜好隨意搭配湯料或配菜，並無任何搭配規
　　 則。以下食譜中各種麵條所搭配的湯料或配菜，只是隨興示範，讀
　　 者可依個人偏好或習慣來自行靈活運用。

份量：3 人份

材料

1. 全蛋　90克（淨重）
2. 鹽　2克（1/4小匙）
3. 水　40克
4. 中筋麵粉　300克

做法

1. 全蛋、鹽以及水先混合，再倒入麵粉中，用手搓揉成糰，放在室溫下鬆弛約 30 分鐘，即可開始製作（**圖1**）。
2. 手工揉麵、擀麵請參考 p.25-26 的「揉麵」、「擀麵」。將麵糰擀成厚約0.3公分的長方形麵片，切成寬約 0.3 公分的麵條（**圖2**）。
3. 將切好的麵條撒上麵粉再攤開，用雙手輕輕地將麵條拉長（**圖3**）。
4. 將麵條分成 3 等分（或數等分），方便冷凍保存或取用（**圖4**）。

配料 → 炸醬

材料

1. 大蒜　2粒
2. 鮮筍　1個
3. 大豆乾　1個
4. 豬絞肉　200克
5. 水　1杯（約200克）

調味料

1. 甜麵醬　1/2盒（約80克）
2. 辣豆瓣醬　1/2盒（約80克）
3. 醬油　2小匙
4. 白胡椒粉　1/4小匙

配菜

小黃瓜　2條

做法

1. **大蒜**切成細末；**鮮筍**去殼後先用熱水汆燙，再分別與**大豆乾**切成丁狀備用。
2. 鍋中放入 5 大匙的沙拉油，先用小火將蒜末炒香，再加入**豬絞肉**炒至顏色變白。
3. 倒入**甜麵醬**與**辣豆瓣醬**，繼續用小火炒香，再加入鮮筍丁、豆乾丁拌炒，接著加入醬油、白胡椒粉以及水。
4. 蓋上鍋蓋，繼續用小火燜煮，偶爾需要用鍋鏟翻炒，煮至豬肉滲出油脂、湯汁即將收乾即可熄火。
5. 麵條煮好後放入碗內，取適量的炸醬與切成細絲的小黃瓜搭配食用。

＊煮好的炸醬水分已被吸收，豬肉的油脂會滲出；放涼後的炸醬密封冷藏，可保存一星期左右。

＊配菜除了小黃瓜外，或再搭配燙綠豆芽、紅蘿蔔絲均可。

＊醬油份量可隨個人的口味添加。

雞蛋麵

以蛋液代替水分，除具有營養價值外，
也增加麵糰的筋性，麵條的口感特別Q彈有勁，
澆上炸醬佐料當乾麵或與任何湯料搭配，都非常適合。
因為加了蛋的緣故，所以雞蛋麵也具微黃色澤。
如果有耐心一點，慢慢將麵糰擀薄，再儘量切細，
用來做各式涼麵也非常可口。

紅蘿蔔麵條

紅蘿蔔含有多種維生素，是營養價值非常高的蔬菜，
且具有天然的鮮豔色澤。能夠榨取紅蘿蔔汁添加在麵糰中，
做成有顏色的麵條，不但賞心悅目，同時也能直接吸收紅蘿蔔的營養，
所以可以多加利用這項物美價廉的食材。

* 紅蘿蔔先用刨刀刨成細絲後，即可輕易攪成細末；除使用料理機外，也可利用果汁機製作。

* 敏豆、新鮮香菇也可切成約 1 公分的丁狀；放少許蝦米有提鮮作用，勿過量添加，以免造成反效果。

* 敏豆需確實煮軟煮透，較能與麵條的口感搭配。

份量：3 人份

材料

A. 紅蘿蔔汁
1. 紅蘿蔔（切絲） 250克
2. 水 100克
3. 鹽 1/4小匙

B. 紅蘿蔔麵糰
1. 紅蘿蔔汁 130克
2. 中筋麵粉 300克
3. 鹽 1/4小匙

做法

1. **紅蘿蔔汁**：將紅蘿蔔絲放入料理機內，接著加鹽、水一起攪打（**圖1**）。
2. 將紅蘿蔔絲攪成細末（**圖2**）。
3. 將紅蘿蔔末裝入濾布袋內，用力將紅蘿蔔汁擠出備用（**圖3**）。
4. **紅蘿蔔麵糰**：將材料 B 全部混合，用手搓揉成糰，放在室溫下鬆弛約 30 分鐘，即可開始製作（**圖4**）。
5. 手工揉麵、擀麵請參考 p.25-26 的「揉麵」、「擀麵」。將麵糰擀成厚約 0.3 公分的光滑麵片，切成寬約 0.3 公分的麵條，將切好的麵條撒上麵粉再攤開，用雙手輕輕地將麵條拉長（**圖5**）。
6. 將麵條分成 3 等分（或數等分），方便冷凍保存或食用（**圖6**）。

配料→敏豆肉絲湯

材料

1. 豬肉絲 200克
   醃料 { 醬油 1大匙 / 太白粉 1小匙 / 米酒 1/2小匙 }
2. 敏豆 200克
3. 新鮮香菇 3朵
4. 大蒜 2瓣
5. 蝦米 5克
6. 高湯（或清水）1000克

調味料

1. 鹽 1/2小匙
2. 白胡椒粉 適量

做法

1. **豬肉絲**加醬油、太白粉及米酒攪拌均勻，放入冷藏室醃約10分鐘入味。
2. **敏豆**、**新鮮香菇**洗淨後切成細絲；**大蒜**、**蝦米**洗淨後切成細末備用。
3. 鍋中放 3 大匙的沙拉油，先用小火將蒜末、蝦米炒香。
4. 倒入敏豆，用中小火將敏豆炒軟，接著加入新鮮香菇拌炒，再加入高湯，沸騰後用中小火煮約 5 分鐘。
5. 加入豬肉絲，立刻用鍋鏟攪散，並以中小火續煮約5分鐘左右，最後加鹽、白胡椒粉調味。
6. 麵條煮好後放入碗內，取適量的湯料搭配食用。

材料

A. 菠菜汁

1. 菠菜　250克
2. 水　70克
3. 鹽　1/4小匙

B. 菠菜麵糰

1. 菠菜汁　135克
2. 中筋麵粉　300克
3. 鹽　1/4小匙

做法　（參見DVD示範）

1. **菠菜汁**：搾取菠菜汁時，先將菠菜洗淨，用滾水燙軟後，再用冷水漂涼並擠乾水分備用（圖1）。
2. 將擠乾水分的菠菜切成寸段（圖2）。

3. 菠菜放入料理機內，接著加鹽、水一起攪打，攪成細末（圖3）。
4. 將菠菜末裝入濾布袋內，用力將菠菜汁擠出備用。
5. **菠菜麵糰**：將菠菜汁、麵粉與鹽全部混合，用手搓揉成糰，放在室溫下鬆弛約30分鐘，即可開始製作（圖4）。

6. 手工揉麵、擀麵請參考 p.25-26 的「揉麵」。將麵糰整成圓形再壓扁擀平，可將麵糰捲在擀麵棍內用雙手均勻地擀薄（圖5）。
7. 擀成厚約 0.3 公分的光滑麵片，將麵片對摺後切成寬約 0.3 公分的麵條（圖6）。
8. 將切好的麵條撒上麵粉再攤開，用雙手輕輕地將麵條拉長，將麵條分成 3 等分（或數等分），方便冷凍保存或食用（圖7）。

配料→ 酸辣湯

材料

1. 豆腐　150 克
2. 豬血（或雞血）　150克
3. 紅辣椒　1根
4. 大蒜　2粒
5. 豬肉絲　150克
6. 筍絲　100克
7. 紅蘿蔔絲　50克
8. 高湯（或清水）　800克
9. 雞蛋　1個

調味料

1. 醬油　1/2小匙
2. 鹽　1小匙
3. 白胡椒粉　1小匙
4. 白醋　2大匙
5. 香菜　適量

太白粉水

1. 太白粉　2大匙
2. 水　3大匙

做法

1. **豆腐**、**豬血**切細絲；**紅辣椒**剖開去籽切碎；**大蒜**切成細末備用。
2. 鍋中放 2 大匙的沙拉油，先用小火將紅辣椒、蒜末炒香後，加入**豬肉絲**炒至顏色變白，再加入醬油拌炒。
3. 將**筍絲**、**紅蘿蔔絲**分別入鍋拌炒，接著加入高湯以及鹽，沸騰後加入豆腐、豬血。
4. 用中小火加熱約 5 分鐘後，調入太白粉水，邊倒邊攪拌，湯汁呈濃稠狀後，接著將**雞蛋**打散後，慢慢以繞圈方式淋入湯中。
5. 熄火後加入白胡椒粉、白醋調味，最後撒上香菜。
6. 麵條煮好後放入碗內，取適量的湯料搭配食用。

菠菜麵條

菠菜是常見的葉菜類蔬菜，

不僅含有大量的β胡蘿蔔素，還有維生素B1、B2、C，

以及鐵、鉀、鎂、鋅等礦物質和葉酸。

菠菜翠綠的色澤非常適合用來替麵條增添色彩，

不僅好看、好吃，而且更加營養，

不過使用前需以滾水先將菠菜汆燙，待菠菜軟化後才更容易榨汁。

＊榨取菠菜汁時，菠菜用冷水漂涼後不需刻意將水分擠得
　過乾，只要將多餘的水分擠出即可。

＊太白粉加水事先調勻，靜置後太白粉會沉澱，使用時需
　再攪勻。太白粉水可依個人喜好的湯汁濃稠度來添加，
　需邊倒邊攪拌，以免結粒。

＊材料中的紅辣椒可依個人嗜辣程度增減，不放也可以。

份量：3 人份

材料

A. 甜菜根汁
1. 甜菜根　200克（去皮後）
2. 水　80克
3. 鹽　1/4小匙

B.甜菜根麵糰
1. 甜菜根汁　130克
2. 中筋麵粉　300克
3. 鹽　1/4小匙

做法

1

甜菜根汁： 甜菜根去皮切塊後，放入料理機內，接著加鹽、水一起攪打。

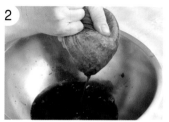

2

甜菜根攪成細末後，裝入濾布袋內，用力將甜菜根汁擠出。

3

製作甜菜根麵條的材料：甜菜根汁、麵粉與鹽（加入麵粉中）。

4

甜菜根麵糰： 將做法 3 的材料全部混合，用手搓揉成糰，放在室溫下鬆弛約 30 分鐘，即可開始製作。

5

手工揉麵、擀麵請參考 p.25-26 的「揉麵」、「擀麵」。將麵糰擀成厚約 0.4 公分的光滑麵片。

6

切成寬約 0.3～0.4 公分的麵條。

7

將切好的麵條撒上麵粉再攤開，用雙手輕輕地將麵條拉長。

8

將麵條分成 3 等分（或數等分），方便冷凍保存或食用。

配料 → 番茄打滷

材料
1. 蔥　2根
2. 新鮮番茄　2個
3. 豬肉絲　150克
4. 雞蛋　2個
5. 高湯（或清水）　800克

調味料
1. 醬油　1小匙
2. 鹽　2小匙
3. 白胡椒粉　適量
4. 白麻油　適量

太白粉水
1. 太白粉　5大匙
2. 水　1大匙

做法

1. **蔥**洗淨後切成蔥花；**新鮮番茄**洗淨後在頂端劃上十字刀口，再用滾水汆燙半分鐘，取出漂涼後剝掉外皮，橫剖為二，擠掉番茄籽再切成丁狀備用。

2. 鍋中放 2 大匙的沙拉油，先將蔥花炒香，再放入**豬肉絲**炒至顏色變白。

3. 接著將番茄丁入鍋拌炒，再加醬油調味。

4. 加入**高湯**，沸騰後用中小火煮約 5 分鐘，調入太白粉水，邊倒邊攪拌，湯汁呈濃稠狀後，接著將**雞蛋**打散，慢慢以繞圈方式淋入湯中。

5. 最後加鹽調味，熄火後撒上白胡椒粉、白麻油。

6. 麵條煮好後放入碗內，取適量的湯料搭配食用。

＊太白粉加水事先調勻，靜置後太白粉會沉澱，使用時需再攪勻。太白粉水可依個人喜好的湯汁濃稠度來添加，需邊倒邊攪拌，以免結粒。

甜菜根麵條

以前很少見到甜菜根，最近成了頗受歡迎的養生食材，

因此經常在超市或各大賣場出現。

甜菜根屬於根莖類植物，含有豐富的礦物質與維生素，

帶有暗紅色的外皮，果肉是非常鮮豔的紫紅色，質地脆硬但多汁。

將甜菜根切碎後再榨汁可以得到大量的甜菜根原汁，

可用來製成罕見的紫紅色麵條。

材料

1. 鹽　1/2小匙
2. 中筋麵粉　300克
3. 冷水　310克

配料 → 鮮蝦三絲湯

材料

1. 鮮蝦　10～15隻
2. 小白菜　300克
3. 蔥花　2 大匙（約 2 根）
4. 豬肉絲　300克
5. 香菇絲　8～10朵
6. 紅蘿蔔絲　100克
7. 高湯（或清水）　1200克

調味料

1. 醬油　1大匙
2. 米酒　1/2小匙
3. 鹽　1小匙
4. 白麻油　數滴
5. 白胡椒粉　適量

做法

1　鹽加入麵粉中，水分兩次倒入麵粉中，並用橡皮刮刀以同一方向不停地攪，直到均勻無顆粒。

2　水加完後呈現麵糊狀，蓋上保鮮膜放在室溫下靜置約 10～15 分鐘，待麵粉與水分充分混合再使用。

3. **配料：鮮蝦**剝除外殼，用牙籤剔掉腸泥，洗淨後用廚房紙巾擦乾；**小白菜**洗淨後切段備用。

4. 鍋中放 3 大匙的沙拉油，先將**蔥花**爆香，再放入**豬肉絲**炒至顏色變白，再加入**香菇絲**以及**紅蘿蔔絲**，以中小火炒香、炒軟，接著加入醬油以及米酒調味。

5. 加入高湯煮至沸騰後，蓋上鍋蓋以中小火續煮約 5 分鐘即成湯料。

6　湯料保持小火狀，用湯匙舀麵糊入湯鍋中，再轉成中大火，接著倒入鮮蝦、小白菜，邊煮邊攪拌至熟，最後加鹽、白麻油以及白胡椒粉調味。

＊做法 1 是利用質地較硬的橡皮刮刀攪拌，也可以改用 2 或 3 雙筷子攪拌。

＊材料中的水分比例較高，因此煮好的麵疙瘩屬於軟滑口感；如果喜歡有咬勁的口感，加冷水 150 克即可，將水倒入麵粉中，用筷子不停轉圈攪動，即成一坨坨大小不等的麵疙瘩；總之水分多寡影響口感，請自行斟酌。

＊靜置後的麵糊產生筋性，質地非常黏稠，舀麵糊時，可將舀起的麵糊在容器邊切割，即可順利將麵糊倒入鍋內。麵糊舀入鍋內後，呈不規則狀，外型也不一致，如出現過厚過大狀況，可利用鍋鏟切成小塊。

＊麵糊的水分含量極高，很容易熟透，因此可將易熟的配菜（鮮蝦、小白菜）接著倒入一起煮熟。

麵疙瘩

　　這是非常家常的麵點，不需要任何技巧也不花時間，就能讓人果腹。記得以前母親最愛煮麵疙瘩來應急，有時候來不及煮飯燒菜，眼看用餐時間已到，便趕緊拿出大碗公，先放麵粉再慢慢加水，用一把筷子不停地攪，麵糊調好了，接著再一匙匙舀入熱滾滾的湯中，不用幾分鐘，一鍋熱呼呼的麵疙瘩就餵飽了全家。

　　這種速簡麵食很容易做成功，變化性也高，各種湯料不管葷素都能配，或在麵糊中加顆雞蛋也行，既讓顏色更好看又增加營養；至於口感想要 Q 勁彈牙或是軟溜細滑的，就在水分的增減拿捏了。

份量：4 人份

材料

1. 全蛋（去殼後）60克
2. 鹽　1/2小匙
3. 水　75克
4. 中筋麵粉　300克

做法

1. 全蛋、鹽以及水先混合，再倒入麵粉中（**圖1**）。
2. 用橡皮刮刀將所有材料攪拌成鬆散狀（**圖2**）。
3. 用手搓揉成糰，放在室溫下鬆弛約30 分鐘，即可開始製作（**圖3**）。
4. 手工揉麵、擀麵請參考 p.25-26 的「揉麵」、「擀麵」。將麵糰擀成厚約 0.5 公分的光滑麵片，再用刀切成寬約 1.5 公分的條狀（**圖4**）。
5. 再切成1.5 公分寬的小方塊（**圖5**）。
6. 用拇指將方塊麵糰搓壓成凹狀，即為貓耳朵麵糰造型（**圖6**）。
7. 將貓耳朵麵糰倒入沸騰的滾水中，接著用鍋鏟推動數下，以避免沾鍋（**圖7**）。
8. 當鍋裡的水再次沸騰時，再加入約 1 杯冷水繼續煮至沸騰，待麵糰煮熟後撈起盛盤備用（**圖8**）。

* 做法 6 中用拇指壓麵糰，也可利用叉子來壓，即會呈現條紋狀。
* 貓耳朵麵糰做好未食用時，可撒些麵粉放入保鮮盒中冷凍保存。
* 煮好的貓耳朵盛盤後，可滴些沙拉油，以避免沾黏。
* 雪菜洗淨後，需擠乾水分再切碎，如無法購得，可以酸菜心或榨菜代替，兩者都是醃漬品，需要多清洗以去除過酸、過鹹的味道。

配料 →雪菜肉絲湯

材料

1. 雪菜（雪裡紅）　150克
2. 蔥　2根
3. 豬肉絲　200克
4. 高湯（或清水）　1000克

調味料

1. 醬油　1/2小匙
2. 米酒　1/2小匙
3. 鹽　1又1/2小匙
4. 白麻油　適量
5. 白胡椒粉　適量

做法

1. **雪菜**、蔥分別洗淨後，切碎備用。
2. 鍋中放 3 大匙的沙拉油，先用小火將蔥花炒香，再將**豬肉絲**炒至顏色變白，加入醬油拌炒，接著加入雪菜末繼續拌炒。
3. 加入**高湯**，沸騰後用中小火繼續煮約 5 分鐘，最後加入米酒以及鹽調味。
4. 熄火後，撒上適量的白麻油以及白胡椒粉調味。
5. 貓耳朵煮好後放入碗內，取適量的湯料搭配食用。

貓耳朵

跟麵片相比，貓耳朵的麵糰比較結實，這是因為需要將小麵糰捏出造型。

製作貓耳朵時不需要其他輔助道具，只要用拇指在小麵糰上捻成凹狀，

就像貓的耳朵，因此以這種方式製成的麵食，即稱貓耳朵。

吃貓耳朵就跟一般麵條沒兩樣，也是煮熟後澆上湯料即可，

或是製成乾麵、炒麵，如同義大利麵中的貝殼麵。

據說當時馬可波羅在中國時，學會捏貓耳朵，

而將製法帶回義大利，才有了中西相仿的麵食，總之有此一說。

份量：4人份

材料

1. 鹽　1/2小匙
2. 水　150克
3. 中筋麵粉　300克

做法

1. 鹽倒入水中，攪拌至鹽溶化（圖1）。
2. 將鹽水與麵粉混合，用手搓揉成糰，放在室溫下鬆弛約 30 分鐘，即可開始製作（圖2）。
3. 手工揉麵、擀麵請參考 p.25-26 的「揉麵」、「擀麵」。將麵糰擀成厚約 0.5 公分的光滑麵片，再用刀切成寬約 2 公分的條狀（圖3）。
4. 用手將條狀麵片撕出方形小麵片（圖4）。
5. 將方形麵片倒入沸騰的滾水中，接著用鍋鏟推動數下，以避免沾鍋（圖5）。
6. 當鍋裡的水再次沸騰時，再繼續煮 3～5 分鐘待麵片煮熟後撈起盛盤備用（圖6）。

配料→打滷

　　「打滷」或稱「打滷汁」，是山東人的用語，「打」是指煮的意思，所謂「滷」，指的是濃稠的湯料，也稱「混滷」；因此以前就曾聽長輩說：「打個滷來吃吧！」，就是將很多食材煮成一鍋。最常用的材料有豬肉絲、木耳、香菇、金針、蝦米、鮮筍、蛋花等，並以精心煉製的高湯同時燴煮，直到食材軟滑細緻、湯汁濃厚為止，而最後藉由芶芡的輔助讓滷汁更濃，與麵條合為一體後，麵軟湯滑，非常好吃。

　　很多人熟知打滷麵，不過大概口音的關係，山東打滷麵到了台灣，坊間很多麵店竟說成大滷麵了，不管稱呼如何，總之在家打個滷來吃，是輕而易舉的事。

材料

1. 鮮筍　150克
2. 紅蘿蔔　50克
3. 黑木耳　50克
4. 新鮮香菇　3朵
5. 蝦米　5克
6. 蔥　2根
7. 豬肉絲　200克
8. 高湯　1000克
9. 雞蛋　2個

調味料

1. 醬油　1大匙
2. 鹽　2小匙
3. 白麻油　適量
4. 白胡椒粉　適量

太白粉水

1. 太白粉　3大匙
2. 水　6大匙

做法

1. 鮮筍汆燙後與紅蘿蔔、黑木耳以及新鮮香菇分別切成細絲；蝦米切成細末、蔥切成蔥花備用。
2. 鍋中放 3 大匙的沙拉油，先用小火將蝦米與蔥花炒香，再將豬肉絲炒至顏色變白，加入醬油調味。
3. 先加入紅蘿蔔絲用中小火炒軟，再放入筍絲、黑木耳絲以及新鮮香菇絲繼續拌炒。
4. 加入高湯用中小火燜煮約 10 分鐘，最後加入鹽調味。
5. 調入太白粉水，邊倒邊攪拌，湯汁呈濃稠狀後，接著將雞蛋打散，慢慢以繞圈方式淋入湯中。
6. 熄火後，撒上白胡椒粉、白麻油調味。
7. 麵片煮好後放入碗內，取適量的湯料搭配食用。

＊麵片未食用時，可撒些麵粉放入保鮮盒中冷凍保存。

＊煮好的麵片盛盤後，可滴些沙拉油，以避免沾黏。

＊以上的打滷材料，可依個人喜好作變換。

＊因麵片很容易煮熟，因此也很適合直接將生的麵片揪入滷汁中一起煮，即成「打滷麵片」，不但省事，而且可將滷汁自然變濃，因此可省略事先煮麵片的動作。

麵片

　　麵片像是麵疙瘩的姐妹品，用料一樣，差別只在於水分含量，當然口感也就不同了。麵片也是道地的北方麵食，做法非常簡單，只要冷水和麵就能完成。以前常看到鄰居老奶奶做麵片料理，簡直就是她們的基本絕活，煮麵片的過程很輕鬆，老奶奶將桌上一坨麵糰分成好幾塊，然後邊聊天邊搓麵。沒一會兒功夫，粗塊麵變成一長條，麵條很長就乾脆繞在手上，接著很熟練地用手掐出一小片一小片（俗稱掐麵片），就直接往鍋裡丟，滿滿的一鍋，綠中帶白，又是菜又是麵的，看得我口水直流。幾分鐘後，麵片煮好了，老奶奶盛了一碗給我，邊說：「吃碗麵片湯吧！」那是腦海中溫馨美好的回憶。

水餃類

皮Q料好的手工水餃

「水餃」這道平凡的國民美食，在老一輩山東人的口中，另稱「餶飿」（音ㄍㄨˇ ㄓㄚ），是山東的鄉土俗稱，這個奇怪的名稱對多數人來說肯定很陌生，但在早年，卻經常從父親或一些長輩的口中聽到「餶飿」這個名詞，不過現在已很少有機會再聽到這種親切的用語了。

水餃算是一般家庭較常接觸的麵食，即便不是親手製作，也能隨處買到。走一趟超市的冷凍櫃，很容易買到各式口味的水餃，讓忙碌的現代人得到即時的方便性。不過對於講究水餃口感的人來說，情願要花時間自己動手做，這樣才能滿足味蕾的要求。

的確，包水餃需要花一番功夫，從準備餡料開始，又是洗又是切，接著和麵、擀皮、包餡等，不過這一連串過程，卻讓人甘之如飴，因為自己包的手工水餃，是金錢無法買到的美味。

記得以前家裡常包水餃，每次不包則已，一包就是上百顆以上，然後冷凍保存，以備不時之需。有時候來不及做飯，水餃就派上用場，既方便又省事，因為吃水餃往往也免了其他的配菜，頂多再喝一碗煮水餃的湯，這叫「原湯化原食」。每次吃水餃時，父親總會自然地說這麼一句，當時單純以為這只是北方人儉樸的作風，後來才知道其中緣由。「原湯」是指「煮水餃的水」，淡淡麵香的清湯，不用任何調味，卻非常適合在吃水餃的同時，順便喝上幾口；尤其對於吃水餃配大蒜的人而言，特別感覺「舒爽」。此外這也具有珍惜食物的美意，就口感而言，其實也會比濃郁味重的湯品更合宜。

自古以來，北方人無論貧富貴賤，在正月初一有吃餃子的習俗，因為渾圓飽滿的水餃有如金元寶一般，象徵財源滾滾。過年時有些人會將錢幣包入水餃中，吃到的人表示今年財運亨通，另外還會將紅棗、年糕、糖果等包進水餃中，分別代表早生貴子、步步高升、甜甜蜜蜜的意思。

總之，水餃是一道具有吉祥寓意的食物，因此處處講究、好話不斷，就連包水餃的動作也有涵義。餡料包在麵皮中再對摺，雙手的拇指和食指沿著半圓形麵皮邊緣夾成三角形，將麵皮捏勻黏合，稱作「捏福」；當水餃下鍋後，鍋鏟得沿著鍋邊順著同一方向轉動，這叫「圈福」，將福氣圈住的意思；萬一不小心水餃煮破了，也不能說水餃「破了」，尤其新年期間更要注意，應該要說「掙」了（音ㄓㄥˋ），水餃餡裡有包菜，「菜」的音如同「財」，水餃「掙」了，就是「掙財」了。總之，美味的水餃除了讓人滿足之外，有很多的小典故，在眾多麵食中顯得格外有意思。

手工水餃製作

　　要包水餃時，雖然很容易買到市面上現成的水餃皮，但論及口感則不如手工製作；花些時間自己和麵，現擀現包，水餃皮保有適當的軟硬度，非常容易黏合，因此不用像機器製的水餃皮，必須在麵皮四周抹水才易黏合。要製作美味的水餃，除了講究**水餃皮**與**餡料**外，**包的工夫、煮的技巧**也都要掌握。

水餃的製作流程　◎（參見DVD示範）

　　水餃的製作大致可分成下列四大步驟：

　　　　內餡調配 → 水餃皮製作 → 包餡 → 煮水餃

內餡調配

　　水餃餡的內容可說是變化多端，不同的食材搭配就能顯現不同的滋味，甚至應用不同的調味料，就能呈現不同的口感。內餡調配時，無論食材如何搭配，不外乎以「入味」為原則，以求餡料的鮮美可口，至於個人習慣的口味偏好或鹹度問題，則可做適度調整。如何順利掌握內餡的調配，是包水餃（或其他包餡麵食）的首要課題，基本原則如下：

1. 選用當令食材來製作，品質較好，相對地也能提升美味程度。
2. 豬絞肉需肥瘦兼具，兩者比例可隨個人的品嚐習慣購買，一般肥瘦比例為 2：8 或 3：7 均可。
3. 各種食材必須做適當處理，才利於品嚐的口感，例如：蔬菜要儘量切成大小一致，薑必須用搓薑板磨泥，蔥必須切成蔥花，所有食材融合後必須細緻黏合。

基本上，內餡調配分以下三個程序：

　　　　絞肉打水 → 添加調味料 → 拌入蔬菜類

　　以下是內餡調配的基本作法，除水餃之外，其他包餡類的麵食也都適用（例如：包子、鍋貼、蒸餃等），調味料可視不同的麵點或個人的口感偏好做調整。

絞肉打水

1. 將鹽加入絞肉中（**圖 1**）。
2. 當絞肉尚未吸收水分時，肉質呈顆粒狀，且色澤較深（**圖 2**）。

3. 將水分以少量多次方式加入絞肉中，用 2 雙筷子（或用手）以同一方向將水分確實攪入絞肉中，當水分未完全被絞肉吸收時，不可繼續加水（**圖3**）。

4. 當絞肉打水完成後，肉質具黏性，且色澤變淡（**圖4**）。

絞肉為何要「打水」？

　　調配餡料時，如餡料內含有肉類時，無論是豬絞肉或牛絞肉，都需添加額外的水分，即稱「**打水**」；當絞肉內部的水分增加後，即可避免肉餡經過加熱後變乾、變柴，煮好的水餃才會鮮嫩多汁。打水時，可將鹽加入絞肉內，有助於水分的吸收。凡是包餡類的麵食，只要有肉類的都需要打水，差別僅在於打水量的多寡。

　　打水時所添加的水量，必須視肉質的吸水情況而定。通常經過冷藏後的絞肉，吸水性較高；反之，溫體豬肉的吸水量較少。打水之後的絞肉會變得比原先膨脹且更具黏性。

添加調味料

1. 絞肉打水完成後，加入醬油（**圖5**）。

2. 加入醬油後，仍以 2 雙筷子（或用手）以同一方向將醬油確實攪入絞肉中（**圖6**）。

3. 用搓薑板磨出薑泥，直接倒入絞肉中攪拌均勻，如有細砂糖或其他調味料，也一併加入攪拌均勻（**圖7**）。

4. 最後加入白麻油，攪拌均勻後冷藏冰鎮備用（**圖8**）。

肉類為何要先調味？

絞肉打水後，接著開始調味，一來可增添肉質的鮮美程度，二來可去除令人不悅的肉腥味。因此絞肉打水後即加入醬油以及其他調味料等，如此一來，最後在拌入蔬菜類時，即能充分結合所有食材的美味。

調味時白麻油為何要最後放？

在所有調味料當中，白麻油要最後加入，因為白麻油除了加強香氣外，還能因為油脂的添加而讓絞肉外層形成保護膜，以避免之後所加的蔬菜與調過鹹味的絞肉接觸而生水。肉餡打水、調味完成後，即需放入冷藏室冰鎮，好讓絞肉內的水分、調味料充分結合。

拌入蔬菜類

1. 將蔬菜先做適當處理。
2. 將蔥花拌入肉餡中（**圖9**）。
3. 將擠乾水分的蔬菜，直接倒入已調過味的肉餡中（**圖10**）。
4. 為了增加餡料的滑潤度，可另外將 **1 大匙的白麻油**淋在蔬菜上，接著用筷子輕輕拌合即可（**圖11**）。

蔬菜如何做適當處理？

進行蔬菜處理，首先將蔥洗乾淨，滴乾水分後再切碎，即稱「蔥花」。另依蔬菜的特性，做必要的**擠水動作**，否則有些蔬菜的含水量極高（例如：大白菜、高麗菜、白蘿蔔等），若未將多餘的水分去除，而將蔬菜直接拌入肉餡中，最後的餡料則會滲出過多的水分，而影響包餡動作。但有些蔬菜不易生水，則可免除擠水動作，例如：韭菜、韭黃等。

其次，還有些蔬菜的生澀味稍重，則必須先以滾水汆燙後再使用，即稱「殺菁」。經過殺菁處理，還可提升蔬菜的甜味，例如：敏豆、青江菜、菠菜、筍子等。當蔬菜經過必要的處理後，即可與蔥花分別拌入肉餡中，再用筷子將所有材料輕輕拌合即可，千萬別過度攪拌，以避免蔬菜生水。也不可在最後才在蔬菜上撒鹽，否則蔬菜遇到鹽的後果，餡料就會不斷生水，增加包餡時的困難度。

拌入蔬菜後，為何還要加白麻油？

　　將蔬菜類倒入已調過味的肉餡中，可另外將 **1 大匙的白麻油**淋在蔬菜上，主要是增加餡料的滑潤度，其次是防止蔬菜的水分滲出，而這 1 大匙白麻油是**額外添加**的，並非材料表內的份量；除了白麻油之外，可以其他的液體油代替（例如：沙拉油）。額外加的 1 大匙白麻油，是依本書內的材料用量而定。

水餃皮製作

　　水餃皮的麵糰用料與麵條相同，也是以冷水調製，不過水餃皮的質地卻比麵條軟很多，所以麵糰內的水分含量也較多。水餃皮最好操作的軟硬度，麵糰內的水分約為麵粉的55％左右。

　　以下食譜可看成基本的**原味水餃皮**，由此延伸可變化出加色的水餃皮。

份量：約45個

材料：

1. 鹽　1/4小匙
2. 冷水　170克
3. 中筋麵粉　300克

揉麵

以手工製作水餃皮，其揉麵方式就如同其他類型的麵食，可參考 p.108 的手工揉麵。

1. 鹽倒入冷水中，攪拌至鹽溶化（**圖12**）。
2. 將鹽水倒入麵粉中，用橡皮刮刀將所有材料攪勻至水分消失（**圖13**）。
3. 用手在鋼盆中搓揉麵糰（**圖14**）。
4. 繼續搓揉後，鬆散狀麵糰即成為完整的麵糰（**圖15**）。
5. 麵糰移至工作檯上，繼續用雙手搓揉成光滑狀，並將麵糰放在室溫下鬆弛約10分鐘，再繼續接下來的動作（**圖16**）。

12

13

14

15

16

🍚 分割

1. 用大刮板（或刀子）將麵糰分割成兩大塊（圖17）。
2. 用雙手將麵糰搓成長條狀，此時工作檯上不要撒麵粉，才容易搓成長條狀（圖18）。
3. 用大刮板（或刀子）切割出每個約10公克的小麵糰，分割後的小麵糰亦稱「**劑子**」（圖19）。
4. 用手將小麵糰捏圓，可方便擀皮（圖20）。

🍚 擀皮

1. 將每個小麵糰用手掌壓扁，在每個步驟都須適時撒粉，以免麵糰沾黏（圖21）。
2. 以左手的食指與拇指抓著麵糰邊緣轉圈，同時右手掌壓住擀麵棍從麵糰邊緣不停地擀，一手轉麵皮、一手擀麵（圖22）。
3. 擀成中間厚周圍薄的麵皮，直徑約8公分（圖23）。

  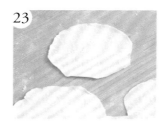

包餡

　　以下幾種包餡方式，以**包法一**最方便快速，但不管那種包法，都必須以水餃皮確實黏合為原則，否則煮水餃時，就容易露餡了；另外要特別注意，包好的水餃需放在撒粉的容器上，以避免沾黏。

包法一　雙手的食指、拇指靠攏捏合

1. 取適量的餡料放在水餃皮中央，可用筷子稍微輕壓，好讓餡料集中（圖24）。
2. 餡料飽滿時，可稍微將麵皮拉開（圖25）。
3. 麵皮對摺後，雙手的拇指與食指沿著麵皮邊緣分別夾住左右兩邊（圖26）。
4. 雙手的拇指與食指一起將麵皮黏緊（圖27）。
5. 完成後的樣式呈元寶狀。

24　　　　25　　　　26　　　　27

包法二　兩邊向中間集中

1. 取適量的餡料放在水餃皮中央，可用筷子稍微輕壓，好讓餡料集中（**圖24**）。
2. 餡料飽滿時，可稍微將麵皮拉開，再將麵皮對摺（**圖28**）。
3. 以麵皮對摺後為中心點，分別從兩邊向中心點黏合（**圖29**）。
4. 一邊麵皮黏完後，即黏合另一邊麵皮（**圖30**）。
5. 完成後的樣式，捏摺向中間集中呈彎月形。

28　　　　29　　　　30

包法三　從一邊開始捏合

1. 取適量的餡料放在水餃皮中央，可用筷子稍微輕壓，好讓餡料集中（**圖24**）。
2. 餡料飽滿時，可稍微將麵皮拉開（**圖25**），再將麵皮稍微對摺。
3. 再將左端麵皮（或右邊）稍微捏合（**圖31**）。
4. 一摺一摺地從頭捏合到尾端（**圖32**）。
5. 完成後的樣式，捏摺呈同一方向的彎曲狀。

31　　　　32

煮水餃

煮水餃的重點如下：

1. 用一般家用炒菜鍋最方便又容易操作，鍋內的水要放足夠，水量至少是水餃的10倍以上。

2. 用大火將水煮至沸騰，再將水餃放入鍋中；不可全部同時倒入，以免沾鍋（**圖33**）。

3. 水餃入鍋之後，接著用鍋鏟輕輕地順著鍋底向前推數下，以防止水餃黏住鍋底，千萬別用鍋鏟翻攪，以免不慎搓破水餃（**圖34**）。

4. 必須「**點水**」（如 p.27 煮麵條）：要順利將水餃內餡煮熟，煮的過程中須讓水溫降低，以免持續的滾水易讓水餃皮煮破，因此，水餃入鍋後又達沸騰狀態時，即需加入約1杯的冷水降溫（一般量米杯）（上述水量只是參考，加入的水量可讓沸騰的滾水停止沸騰為原則），重複這個動作約2～3次左右（加水的次數需看水餃煮製的程度）（**圖35**）。

5. 煮熟後的水餃呈膨脹狀，且底部朝上浮在水面（**圖36**）。

6. 用漏勺將水餃撈起，並瀝乾水分（**圖37**）。

7. 盛盤之後，接著用雙手晃動盤中的水餃，即可避免沾黏（**圖38**）。

8. 冷凍後的水餃，可直接取出倒入滾水中煮熟，不需放在室溫下回軟，但需要稍微延長煮製時間，點水次數可試著增加。

蘸醬

一般來說，吃水餃應品嚐原汁原味，很多北方人豪邁吃法是不沾醬料的，頂多在吃水餃前先剝顆大蒜，然後邊吃水餃邊配點大蒜。如果要蘸醬料，也不可太過複雜，否則混淆水餃的風味就無意義了。因此製作簡單的蘸醬，以提味解膩為原則，材料則是以醬油為主，再依個人的口感偏好調入白醋、白麻油以及蒜末等，全部混合即可。

大白菜豬肉水餃

用大白菜包水餃是最常見的口味，尤其在當令盛產時，
大白菜的鮮甜多汁與肉餡合而為一後，不需太多調味，
完全以原味呈現，就特別清爽可口。
不過在處理大白菜時，需要多點耐心，避免切得過粗或過細，
所以千萬別偷懶想靠料理機來絞碎，當大白菜成了泥狀後，口感就盡失無疑；
總之，儘量將大白菜切碎、剁碎，餡料要調得黏稠滑順，
那麼簡單的食材也能包出上乘的美味。

份量：約 45 個

內餡材料

1. 豬絞肉　200克
   { 鹽　1/2小匙+1/4小匙
   { 水　3大匙
   調味料 { 醬油　1大匙
   { 白麻油　2大匙
2. 蔥　2根
3. 大白菜　300克

水餃皮材料

1. 鹽　1/4小匙
2. 冷水　170克
3. 中筋麵粉　300克

*大白菜切碎後，儘量再剁
　碎，顆粒不要太粗；要儘量
　將大白菜內的水分擠出，最
　好擠兩次較容易擠乾。

*做法 4 的大白菜加 1 小匙
　的鹽，是材料表外另加的份
　量。

做法

內餡調配

1. 依 p.43 所述方式進行**絞肉打**
   水。
2. 依 p.44 所述方式逐項添加**調**
   味料。
3. 絞肉處理之後，冷藏冰鎮備
   用。
4. **大白菜**洗淨後切碎，加 1 小
   匙的鹽拌勻（**圖1**），放在室
   溫下靜置約 10分鐘，再將大
   白菜內的水分擠出。
5. 擠乾水分的大白菜（**圖2**），
   與**蔥花**分別倒入已調過味的
   肉餡中，為增加餡料的滑潤
   度，可另外將 1 大匙的白麻
   油淋在大白菜上，接著用筷
   子輕輕拌勻即可（**圖3**）。

水餃皮製作

6. 依 p.46「水餃皮製作」所述
   方式製作水餃皮。

包餡

7. 依 p.47「包餡」所述方式進
   行包餡。

煮水餃

8. 依 p.49「煮水餃」所述方式
   將水餃煮熟。

1

2

3

三鮮水餃

在眾多口味的水餃中,所謂的「三鮮水餃」,

象徵極品好滋味,從名稱中即可想見其鮮美程度。

「三鮮」可自由搭配,其中豬肉不可少,另外再配上各式海鮮,

最常應用的有鮮蝦、海參或黃魚等,當然也可選用其他方便取得的「鮮貨」。

所有的鮮甜融合之後,再混著韭黃的香氣,堪稱天衣無縫的完美結合。

份量:約 45 個

內餡材料

1. 豬絞肉　150克
   - 鹽　1/2小匙
   - 水　2大匙

   調味料
   - 醬油　1大匙
   - 薑泥　1/2小匙
   - 白胡椒粉　1/8小匙
   - 白麻油　1大匙

2. 蔥　2根
3. 鮮蝦　150克(去殼後)
4. 海參　150克
5. 韭黃　120克

水餃皮材料

1. 鹽　1/4小匙
2. 冷水　170克
3. 中筋麵粉　300克

做法

內餡調配

1. 依 p.43 所述方式進行**絞肉**打水。

2. 依 p.44 所述方式逐項添加**調味料**。

3. 絞肉處理之後,冷藏冰鎮備用。

4. **鮮蝦**剝掉外殼洗淨後切碎;**海參**放入滾水中汆燙,用冷水漂涼後瀝乾水分再切碎;**韭黃**洗淨後切碎備用。

5. 鮮蝦、海參倒入已調過味的肉餡中,先攪拌均勻。

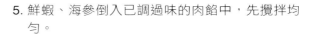

接著將蔥花、韭黃倒入,為增加餡料的滑潤度,可另外將 **1 大匙的白麻油**淋在韭黃上,接著用筷子輕輕攪拌均勻即可。

水餃皮製作

7. 依 p.46「水餃皮製作」所述方式製作水餃皮。

包餡

8. 依 p.47「包餡」所述方式進行包餡。

煮水餃

9. 依 p.49「煮水餃」所述方式將水餃煮熟。

＊鮮蝦、海參儘量切碎。

＊韭黃 120 克去掉老葉後,重量約 100 克;洗淨後,儘量瀝乾水分並放在室溫下風乾。

韭菜鮮蝦水餃

（參見DVD示範）

一般來說，大多數的人平常吃韭菜的機會，似乎不太頻繁，
不過提到包水餃，韭菜這項食材卻廣受好評；
韭菜特有的香氣與口感，是其他蔬菜少有的，
因此特別容易襯托肉質的甜美與鮮蝦的鮮味，毫無疑問，
這樣的組合，絕對構成美味的要件。

份量：約 45 個

內餡材料

1. 豬絞肉　200克
   - 鹽　1/2小匙
   - 水　2大匙

   調味料
   - 醬油　1大匙
   - 薑泥　1/2小匙
   - 白胡椒粉　1/8小匙
   - 白麻油　1大匙

2. 蔥　2根
3. 鮮蝦　130克（去殼後）
4. 韭菜　150克

水餃皮材料

1. 鹽　1/4小匙
2. 冷水　170克
3. 中筋麵粉　300克

做法

內餡調配

1. 依 p.43 所述方式進行**絞肉**打水。

2. 依 p.44 所述方式逐項添加**調味料**。

3. **絞肉**處理之後，冷藏冰鎮備用。

4. **鮮蝦**剝掉外殼洗淨後切碎；**韭菜**洗淨後切碎備用。

5. 鮮蝦倒入已調過味的肉餡中，先攪拌均勻。

6 接著將韭菜倒入，為增加餡料的滑潤度，可另外將 **1 大匙的白麻油**淋在韭菜上，接著用筷子輕輕攪拌均勻即可。

水餃皮製作

7. 依 p.46「水餃皮製作」所述方式製作水餃皮。

包餡

8. 依 p.47「包餡」所述方式進行包餡。

煮水餃

9. 依 p.49「煮水餃」所述方式將水餃煮熟。

＊韭菜 150 克去掉老葉後，重量約為 130 克；洗淨後，儘量瀝乾水分並放在室溫下風乾。

牛肉蘿蔔水餃

　　以牛絞肉入餡包水餃，就製作而言，與豬肉餡沒兩樣，不過兩者的風味卻迥然有異，事實上，只要好吃的水餃餡料，不外乎都已做到「提味」與「入味」的要求，調配餡料時，發揮食材的不同特性，往往具有意想不到的品嚐效果，就以這道牛肉蘿蔔水餃為例，以白蘿蔔似有若無的辛香味突顯牛肉的甜美，並以少許的香菜末提香去腥，呈現出爽口宜人的滋味。

份量：約45 個

內餡材料

1. 牛絞肉　300克
   - 鹽　1/2小匙
   - 水　5大匙

   調味料
   - 醬油　1大匙
   - 薑泥　1/2小匙
   - 白胡椒粉　1/4小匙
   - 白麻油　1大匙

2. 白蘿蔔　200克（去皮後）
3. 香菜　10克
4. 蔥　3根

水餃皮材料

1. 鹽　1/4小匙
2. 冷水　170克
3. 中筋麵粉　300克

做法

內餡調配

1. 牛絞肉打水依 p.43 所述方式進行**絞肉**打水。
2. 依 p.44 所述方式逐項添加**調味料**。
3. 絞肉處理之後，冷藏冰鎮備用。
4. **白蘿蔔**去皮後刨成細絲，加 1/2 小匙的鹽拌勻，放在室溫下靜置約10 分鐘，再將白蘿蔔內的水分擠出（**圖1**）。
5. **香菜**洗淨後切成細末備用。
6. 將擠乾水分的白蘿蔔絲再儘量切碎（**圖2**）。
7. 接著將蔥花、香菜末以及白蘿蔔絲分別倒入已調過味的肉餡，為增加餡料的滑潤度，可另外將 1 **大匙的白麻油**淋在白蘿蔔絲上，接著用筷子輕輕攪拌均勻即可（**圖3**）。

水餃皮製作

8. 依 p.46「水餃皮製作」所述方式製作水餃皮。

包餡

9. 依 p.47「包餡」所述方式進行包餡。

煮水餃

10. 依 p.49「煮水餃」所述方式將水餃煮熟。

＊牛絞肉應肥瘦兼具，口感較滑潤多汁。

＊做法 4 的白蘿蔔殺菁時，加 1/2 小匙的鹽，是材料表外另加的份量。

＊白蘿蔔 200 克是去皮後的重量，擠乾水分後的重量約為 100 克。

＊香菜 10 克是去掉老葉、老梗的重量，添加在牛肉餡中，具有提味去腥功效；洗淨後瀝乾水分，並用廚房紙巾儘量擦乾水分，再切成細末。

雙色蔬菜水餃

在家包水餃，也能像手揉麵一樣，在成品的色彩上大做文章，
當然自己動手做的最大好處，一切都以天然食材為取向；
將紅蘿蔔與菠菜的純汁製作水餃皮，而被榨乾的細末也可善加利用，
和上豬絞肉與各式調味料，就是一道營養滿分的蔬菜水餃。

份量：約 45 個

內餡材料

1. 豬絞肉　300克
   - 鹽　1/2小匙
   - 水　4大匙
   - 調味料
     - 醬油　2大匙
     - 白胡椒粉　1/4小匙
     - 白麻油　2大匙
2. 蔥　2根
3. 紅蘿蔔末　150克
4. 菠菜末　100克

紅蘿蔔水餃皮材料

A. 紅蘿蔔汁
   1. 紅蘿蔔　200克
   2. 水　80克
   3. 鹽　1/4小匙

B. 紅蘿蔔麵糰
   1. 中筋麵粉　150克
   2. 紅蘿蔔汁　85克
   3. 鹽　1/8小匙

菠菜水餃皮材料

A. 菠菜汁
   1. 菠菜　150克
   2. 水　55克
   3. 鹽　1/4小匙

B. 菠菜麵糰
   1. 中筋麵粉　150克
   2. 菠菜汁　85克
   3. 鹽　1/8小匙

做法

內餡調配

1. 依 p.43 所述方式進行**絞肉**打水。
2. 依 p.44 所述方式逐項添加**調味料**。
3. 絞肉處理之後,冷藏冰鎮備用。
4. **蔥花**、**紅蘿蔔末**以及**菠菜末**分別倒入已調過味的肉餡中。
5. 為增加餡料的滑潤度,可另外將 **1 大匙的白麻油**淋在紅蘿蔔末以及
   菠菜末上,接著用筷子輕輕拌勻即可。

水餃皮製作

6. 分別榨取紅蘿蔔汁與菠菜汁,榨取方式請參考 p.31 及 p.32 。
7. 分別製作紅蘿蔔麵糰與菠菜麵糰,再製作水餃皮,其方式與 p.46
   原味水餃皮完全相同。

包餡

8. 依 p.47「包餡」所述方式進行包餡。

煮水餃

9. 依 p.49「煮水餃」所述方式將水餃煮熟。

＊製作紅蘿蔔水餃皮以及菠菜水餃皮,須
　先榨汁,而榨乾的細末,則可當作餡料
　再利用,另外也可做為 p.92 蔬菜淋餅
　的配料。
＊內餡的份量可供紅蘿蔔水餃皮以及菠菜
　水餃皮的製作。

蒸餃、湯包類

皮薄餡多，「蒸」的美味

同樣都是包餡類的麵食，卻會因不同的麵糰調製與熟製方式，而呈現全然不同的風貌，就如蒸餃、湯包類的麵皮口感較水餃軟嫩，最特別的是，透過「蒸」的過程，成品連同蒸籠熱氣騰騰地端上桌，猶如藝術品般，個個晶瑩剔透又小巧精緻，實在討人喜歡，因此製作時的「手工」顯得特別重要，所謂皮薄餡多，表示擀皮、包餡都不得馬虎。當輕盈的外皮兜滿餡料後，還得輕巧地沿邊黏摺封口，最後經由大火蒸製，仍然保有形美色佳的視覺效果；不過要注意的是，「趁熱」食用絕對是必要的賞味態度，否則成品一旦冷卻，鮮嫩多汁的美味特色就蕩然無存。

蒸餃、湯包的製作

本單元的蒸餃或湯包，主要以**燙麵**調製，並以「蒸」的方式完成熟製，就成品的品質而言，必須「中看」又「中吃」，兩者缺一不可，因此掌握擀皮、包餡、蒸熟三部曲，即能做出絕佳的精緻麵點。

蒸餃、湯包的製作流程

蒸餃、湯包的製作大致可分成下列四大步驟：

內餡調配 → 外皮製作 → 包餡 → 蒸熟

內 餡 調 配

蒸餃、湯包的內餡調配與其他的包餡類麵食相同，請參考 p.43 水餃類的內餡調配。基本上，內餡調配分以下三個程序：

絞肉打水 → 添加調味料 → 拌入蔬菜類

外 皮 製 作

製作蒸餃、湯包的麵糰，大多以燙麵調製，因此必須將麵糰冷卻、鬆弛後才能製作，有關燙麵揉製的重點，請看 p.21 的燙麵做法。

🥟 分割

　　蒸餃、湯包的燙麵麵糰，分割前須將麵糰搓成均勻的長條狀，較易分割成均等的小麵糰；麵糰要搓成長條狀時，工作檯上儘量不要撒麵粉，才不會妨礙搓麵糰的動作，麵糰**分割**方式與水餃皮相同，請看 p.47 水餃皮製作的分割。

🥟 擀皮

　　燙麵的延展性與冷水麵不同，因此擀皮時的動作需輕巧，勿刻意拉扯，麵皮才會擀得圓。擀皮的方式請看 p.47 水餃皮製作的擀皮。擀皮、分割時，不要撒過多的麵粉，以免麵糰變硬。

包餡

　　蒸餃、湯包的包餡方式可採用水餃、包子的包法，請看 p.47 及 p.156 的「包餡」。

蒸熟

　　蒸熟的重點如下：

1. 包好的蒸餃或湯包，最好放在防沾蠟紙上直接入蒸籠；如無法取得防沾蠟紙，則放在抹油的餐盤上，但每個成品須留有間距。
2. 燙麵麵糰事先經過糊化，因此麵糰在蒸製時，須從水滾後開始蒸起，好讓麵糰瞬間受熱定型，同時全程須以大火蒸熟。
3. 蒸餃、湯包是以燙麵製成，又加上體積較小，所以在短時間內即可蒸熟，依書中的大小，平均 8～10 分鐘即可。
4. 冷凍後的蒸餃、湯包，可直接取出放入蒸籠內，不需放在室溫下回軟，但蒸製時間需要稍微延長。

份量：約 25 個

內餡材料

1. 豬絞肉　100克
   - 鹽　1/2小匙
   - 水　2大匙
   - 調味料
     - 醬油　2小匙
     - 薑泥　1/2小匙
     - 白胡椒粉　1/4小匙
     - 白麻油　1大匙
2. 蔥　2根
3. 青江菜　半斤
4. 紅蘿蔔　50克
5. 雞蛋　1個
6. 豆乾　3個
7. 蝦米　1 大匙

外皮材料

1. 中筋麵粉　150克
2. 滾水　80克
3. 冷水　35克

做法

內餡調配

1. 依 p.43 所述方式進行**絞肉**打水。

2. 依 p.44 所述方式逐項添加**調味料**。

3. 絞肉處理之後，冷藏冰鎮備用。

4. **青江菜**汆燙後擠乾水分切碎；**紅蘿蔔**燙熟後切成細末；**雞蛋**煎成蛋皮後切碎；**豆乾**以及**蝦米**分別切成細末備用。

5. 將切碎的全部材料與**蔥花**分別倒入已調過味的肉餡中。

6. 為增加餡料的滑潤度，可另外將 **1 大匙**的**白麻油**淋在蔬菜上，接著用筷子輕輕拌勻即可。

外皮製作

7. 外皮是屬於燙麵製作，依 p.21「燙麵」做法 1～10 所述方式製作燙麵。

8. 麵糰蓋上保鮮膜放在室溫下鬆弛約 20 分鐘。

9. 麵糰的分割、擀皮依 p.47 水餃皮製作的分割、擀皮。

包餡

10. 取適量的餡料放入麵皮中央，依 p.48「包餡」的包法三所述方式進行包餡。

11. 包好的餃子，放在防沾蠟紙上，直接放入蒸籠內。

蒸熟

12. 水煮滾後，再放上蒸籠，用大火蒸約 10 分鐘。

＊花素蒸餃內的蔬菜多樣化，可以其他蔬菜代替，但都要切成細末。

花素蒸餃

花素蒸餃未必是「素」的，只是以多樣化的素菜為主，
如果為了口感滑潤，當然可調些肉餡。素菜的選擇性非常多，
以前常吃到用薺菜包的蒸餃，餡料很單純，口感清爽，百吃不膩。
如果買不到薺菜，就用其他的綠色蔬菜，像青江菜、韭菜也非常適合。
蔬菜以外再加些不同的配料，並以蝦米提鮮，吃進嘴裡滿口清香。
但要注意的一點是，無論有多少食材，
都需耐心地一一切碎或剁碎，才顯得出精緻好口味。

鮮蝦蒸餃

這道蒸餃強調的是「蝦」，因此不需要剁碎，
最好整隻包入內餡中，利用蔥白淡淡的辛香去腥提味，
除此之外，不加任何蔬菜搭配，僅僅是鮮蝦與調過味的肉餡而已，
但兩者融合後，鮮嫩多汁的滋味令人難忘。

份量：約25個

內餡材料

1. 豬絞肉　150克
　{ 鹽　1/4小匙
　　水　3大匙
　調味料 { 醬油　1大匙
　　　　　薑泥　1/2小匙
　　　　　米酒　1/4小匙
　　　　　白胡椒粉　1/4小匙
　　　　　白麻油　2大匙
2. 鮮蝦　25隻
3. 蔥白（或韭黃）　10克

外皮材料

1. 中筋麵粉　150克
2. 滾水　80克
3. 冷水　35克

做法

內餡調配

1. 依 p.43 所述方式進行**絞肉**打水。

2. 依 p.44 所述方式逐項添加**調味料**。

3. 絞肉處理之後，冷藏冰鎮備用。

4. **鮮蝦**剝掉外殼用牙籤剔掉腸泥，洗淨後用廚房紙巾擦乾。

5　蔥白（或韭黃）切碎後與蝦仁分別放入已調過味的肉餡中，用筷子拌勻即可。

外皮製作

6. 外皮是屬於燙麵製作，依 p.21「燙麵」做法 1～10 所述方式製作燙麵。

7. 麵糰蓋上保鮮膜放在室溫下鬆弛約 20 分鐘。

8. 麵糰的分割、擀皮依 p.47 水餃皮製作的分割、擀皮。

包餡

9　取約 10 公克的**肉餡**以及一隻**蝦仁**放在麵皮中央。

10. 依 p.47「包餡」的包法一所述方式進行包餡。

蒸熟

11. 包好的餃子，放在防沾蠟紙上，直接放入蒸籠內。

12. 水煮滾後，再放上蒸籠，用大火蒸約 10 分鐘。

＊如果鮮蝦的個頭很大，可切對半包入內餡中。

份量：約25個

內餡材料

1. 豬皮凍　100克

　　豬皮凍材料

　　　豬皮　300克　　米酒　1大匙
　　　雞腳　6個　　　蔥　2根
　　　水　2000克　　薑　2～3片

2. 豬絞肉　150克
　　{ 鹽　1/2小匙
　　{ 水　3大匙
　　調味料{ 醬油　1大匙
　　　　　　薑泥　1/2小匙
　　　　　　米酒　1/4小匙
　　　　　　白胡椒粉　1/4小匙
　　　　　　白麻油　2大匙

3. 蔥　3根

外皮材料

1. 中筋麵粉　150克
2. 滾水　50克
3. 冷水　50克

做法

內餡調配

1. **豬皮凍製作**：豬皮切成小塊與雞腳分別用滾水汆燙，撈起後瀝乾水分；鍋中放入清水、豬皮、雞腳、米酒、蔥、薑，用小火熬煮約3小時。
2. 瀝出湯汁放入大碗中，冷卻後放入冰箱冷藏凝固備用。
3. 凝固的豬皮凍表面如有多餘的油脂，可用湯匙刮除（圖1）。
4. 依 p.43 所述方式進行**絞肉**打水。
5. 依 p.44 所述方式逐項添加**調味料**。
6. 絞肉處理之後，冷藏冰鎮備用。
7. 取**豬皮凍**100克，切成丁狀（圖2）。
8. 豬皮凍與**蔥花**分別倒入已調過味的肉餡中，用筷子拌勻即可（圖3）。

外皮製作

9. 外皮是屬於燙麵製作，依 p.21「燙麵」做法 1～10 所述方式製作燙麵。
10. 麵糰蓋上保鮮膜放在室溫下鬆弛約20分鐘。
11. 麵糰的分割、擀皮依 p.47 水餃皮製作的分割、擀皮進行。

包餡

12. 取約15公克的餡料放在麵皮中央（圖4）。
13. 左手拇指壓住餡料，用右手將麵皮邊緣提高（圖5）。
14. 可利用左手頂住麵皮邊緣，右手再順勢向前將麵皮一摺一摺黏合，回到原點後收口並黏緊（圖6）。
15. 包好的湯包放在防沾蠟紙上，直接放入蒸籠內（圖7）。

蒸熟

16. 水煮滾後，再放上蒸籠，用大火蒸約10分鐘。

＊豬皮凍可用洋菜凍代替，取洋菜條 10 克剪成小段，用冷水泡軟備用；另將 1000克的清水煮滾，再加入擠乾水分的洋菜條，用小火煮到溶化，放涼後冷藏凝固即可。

＊洋菜是海藻抽出物，為植物性凝固材料，在一般超市即有販售（圖8）。

小籠湯包

　　小籠湯包是江浙一帶知名的麵點，聽說江浙人習慣在早餐時吃小籠湯包，同時還會配碗蛋皮湯，或是將湯包放入湯中一起吃；不過一般人最普遍的吃法，還是喜歡沾點鎮江醋配上嫩薑絲食用，不但解膩而且提鮮。

　　小籠湯包最引人入勝之處，莫過於一口咬下流出的滿滿湯汁，如果缺了，那就與小籠包無異。所以製作小籠湯包時，非得在餡料上下功夫，光靠「打水」還不行，因為湯汁總是有限。為了讓小籠湯包內能夠多「容納」一些湯汁，眾所周知的辦法，就是利用豬皮凍，所謂豬皮凍就是利用豬皮與上湯所熬製的，當豬皮凍與肉餡混合經過加熱，即融化成鮮美的湯汁。講究一點的話，也可用濃純的雞湯凍來製作，不過為了省事，很多人改用植物性的洋菜凍，當然熱量是低了，不過風味一定遜色不少。

　　聽說小籠湯包傳統做法是手沾麻油，再將小麵糰以手掌「壓」出一張張麵皮，雖然現在都已借助擀麵棍，但擀皮技巧也得掌握。最後要入蒸籠時，蒸籠內必須墊著蓑草，出爐後的小籠湯包，帶有陣陣清香，不過現在最方便的是以濕綿布或防沾紙代替。

　　不管製作小籠湯包該如何講究，但對於家庭製作者而言，能夠親手製作，享受現蒸現吃的樂趣，就心滿意足了，因為事實上，不會有人在乎小籠湯包該打幾摺才夠厲害。

內餡材料

1. 豬絞肉　200克
   - 鹽　1小匙
   - 水　4大匙

   調味料
   - 醬油　1大匙
   - 薑泥　1/2小匙
   - 白胡椒粉　1/8小匙
   - 白麻油　2大匙
2. 蝦仁　200克
3. 絲瓜　200克（去皮後）
4. 蔥　3 根

外皮材料

1. 中筋麵粉　300克
2. 滾水　120克
3. 冷水　70克

做法

內餡調配

1. 依 p.43 所述方式進行**絞肉**打水。
2. 依 p.44 所述方式逐項添加**調味料**。
3. 絞肉處理之後，冷藏冰鎮備用。
4. 鮮蝦剝掉外殼後，用牙籤將**蝦仁**的腸泥剔掉，洗淨後用廚房紙巾擦乾再切成丁狀備用（**圖1**）。
5. **絲瓜**去皮剖成 4 瓣，用刀橫切去除瓜囊（**圖2**）。
6. 將絲瓜切成丁狀（**圖3**）。
7. 將 **1 小匙**的鹽倒入絲瓜內，攪拌均勻後靜置約 10 分鐘左右（**圖4**）。
8. 倒入適量的清水於絲瓜內，搓洗數下後擠乾水分備用（**圖5**）。
9. 將**蔥花**、蝦仁以及絲瓜分別倒入已調過味的肉餡中（**圖6**）。
10. 為增加餡料的滑潤度，可另外將 **1 大匙的白麻油**淋在絲瓜上，接著用筷子輕輕拌勻即可（**圖7**）。

外皮製作

11. 外皮是屬於燙麵製作，依 p.21「燙麵」做法1～10 所述方式製作燙麵。
12. 麵糰蓋上保鮮膜放在室溫下鬆弛約 20 分鐘。
13. 麵糰的分割、擀皮依 p.47 水餃皮製作的分割、擀皮進行。

包餡

14. 依 p.66 小籠湯包的包餡方式進行。
15. 包好的湯包，放在防沾蠟紙上，直接放入蒸籠內。

蒸熟

16. 水煮滾後，再放上蒸籠，用大火蒸約 10 分鐘。

＊如要增加成品多汁的效果，可於內餡調配時添加豬皮凍 50～100克，豬皮凍的製作方式依 p.66 小籠湯包的豬皮凍。

絲瓜蝦仁湯包

絲瓜的甜、蝦仁的鮮,兩者組合而成的餡料,毫無疑問絕對是鮮甜無比,
利用食材天然的特性,再加以搭配運用,往往有意想不到的美味,
而且是任何人工甘味所不及的;除了料鮮味美外,
絲瓜與蝦仁粒粒分明的咀嚼口感,也與軟Q的外皮非常契合,
因此千萬別將這兩樣食材剁得太碎。

在水調麵中，包餡類的麵食，分別能以煮、蒸、煎的方式熟製，三者當中以香氣取勝的「油煎」製品，是很多人的最愛。鍋貼、餡餅煎熟後撲鼻而來的陣陣香氣，讓人食慾大開，尤其是酥酥脆脆的外皮，提升了內餡的風味，形成外酥內嫩的口感層次，正是美味之處。同樣的，這些包餡的麵食，仍需「現做現吃」，才能享受皮脆餡香的好滋味，因此最好依「食量」下鍋油煎。

鍋貼、餡餅類的製作

鍋貼、餡餅類的麵食，以燙麵製作，通常在短時間內即可將產品煎熟；其製程與一般包餡類麵食相同，只是最後的熟製方式，是利用平底鍋將麵糰煎熟；而製作的原則，就是掌握**擀皮**、**包餡**、**油煎**的不同技巧，即能呈現「煎製類」麵食應有的特色。

鍋貼、餡餅類的製作流程

鍋貼、餡餅的製作大致可分成下列四大步驟：

內餡調配 → 外皮製作 → 包餡 → 煎熟

內餡調配

鍋貼、餡餅類的內餡調配與其他的包餡類麵食相同，請參考 p.43 水餃類的內餡調配。基本上，內餡調配同樣可分為以下三個程序：

絞肉打水 → 添加調味料 → 拌入蔬菜類

外皮製作

製作鍋貼、餡餅類的麵糰，大多以**燙麵**調製，因此必須將麵糰冷卻、鬆弛後才能製作，有關燙麵揉製的重點，請看 p.21 的燙麵做法。

分割

鍋貼、餡餅類的燙麵麵糰，分割前須將麵糰搓成均勻的長條狀，較易分割成均等的麵糰；麵糰要搓成長條狀時，工作檯上儘量不要撒麵粉，才不會妨礙搓揉麵糰的動作。

擀皮

燙麵的延展性與冷水麵不同，因此擀皮時的動作需輕巧，勿刻意拉扯，麵皮才會擀得圓，不要撒過多的麵粉，以免麵糰變硬。擀皮的方式，分別請看 P.47 水餃皮的擀皮、p.156 包子皮製作的擀皮。

包餡

鍋貼

將餡料鋪在麵皮上，並用筷子堆成長條狀，再將麵皮對摺黏合成長條狀，厚度儘量一致，才能達到快熟效果；至於兩端開口，無論黏合與否，兩者均可。

餡餅

包餡方式可採用 p.168 水煎包的包法，封口處需黏緊，以免油煎時內餡的湯汁溢出；注意封口處的麵糰不可太厚，以免影響口感，太厚時可將多餘的麵糰用手揪掉，餡料包好後，麵糰需鬆弛才可壓平。

煎熟

油煎

煎是將麵糰放在平底鍋內，以適量的熱油，讓麵糰受熱而產生焦化上色的作用，即稱「油煎」；以油煎的方式熟製麵食，具金黃色酥脆的外皮，香氣十足；因此油煎時，除了必須掌握火候外，還要注意以下的事項，才能煎出理想的成品：

1. 包好的鍋貼或餡餅放在撒粉的餐盤上，入鍋前須將麵糰上多餘的麵粉清除，油煎時才不會燒焦。
2. 平底鍋**稍微加熱**即可倒入適量的沙拉油（或其他液體油），接著放入麵糰；油量以能完全覆蓋鍋面為原則。
3. 以中火進行，不需蓋上鍋蓋，以免在加熱過程中，鍋蓋內形成的水氣，會滴在成品上。當成品稍微上色且定型後，即可翻面，並隨時觀察成品上色狀態，適時調整爐火大小，需**多次翻面**，使成品兩面上色均勻，如餡餅類產品。
4. 冷凍後的生鍋貼、餡餅，不需解凍，可直接放入鍋內油煎，但要用小火進行，同時需要延長油煎的時間。

水油煎

視產品需要，除了**油煎**外，還可以用**水油煎**方式熟製，但兩者的煎製過程略有不同。

1. 將水加入少量的麵粉，調成**麵粉水**備用。將成品鋪排在油鍋內，接著將麵粉水以繞圈方式倒入鍋內，再蓋上鍋蓋來煎，即稱「水油煎」。持續加熱後鍋內的水分即被「煎乾」，最後形成金黃色的脆皮，即可將成品鏟出倒扣盛盤。
2. 入油鍋中的麵粉水，以能完全覆蓋鍋面並接觸麵糰為原則。
3. 若單純以**清水**入鍋也可以，同樣能快速將麵糰煎熟，只是不會形成多餘的脆皮。
4. 因鍋內的水氣增加，所以加熱過程中火候比油煎的方式稍大，以便水分快速蒸發，才能將外型較小的麵食煎成酥脆狀。
5. 以水油煎的方式熟製，麵糰不需翻面，如鍋貼類產品。

內餡材料

1. 豬絞肉　150克
　　{ 鹽　1/4小匙
　　{ 水　2大匙

調
味　{ 醬油　1大匙
料　{ 薑泥　1/2小匙
　　{ 白胡椒粉　1/8小匙
　　{ 白麻油　1大匙

2. 胡瓜　約半條（去皮、去籽後約150克）
3. 新鮮香菇　2大朵（約30克）
4. 吻仔魚　25克
5. 蔥　2根

外皮材料

1. 中筋麵粉　250 克
2. 滾水　50 克
3. 冷水　100 克

麵粉水

1. 水　100克
2. 中筋麵粉　10克

做法

內餡調配

1. 依 p.43 所述方式進行**絞肉打水**。
2. 依 p.44 所述方式逐項添加**調味料**。
3. 絞肉處理之後，冷藏冰鎮備用。
4. **胡瓜**去皮剖成 4 瓣，用刀橫切去除瓜囊，再切成丁狀（圖1）。
5. **新鮮香菇**洗淨後切碎；**吻仔魚**洗淨後擠乾水分，與蔥花、胡瓜分別倒入已調過味的肉餡中，為增加餡料的滑潤度，可另外將 1 **大匙的白麻油**淋在胡瓜上，用筷子輕輕攪拌均勻即可（圖2）。

外皮製作

6. 外皮是屬於燙麵製作，依 p.21「燙麵」做法 1～10 所述方式製作燙麵。
7. 麵糰蓋上保鮮膜放在室溫下鬆弛約 20 分鐘。
8. 麵糰的分割、擀皮依 p.47 水餃皮製作的分割、擀皮進行。

包餡

9. 取適量的**餡料**放入麵皮中央，依 p.48「包餡」的包法三所述方式進行包餡。
10. 包好的餃子，放在撒過麵粉的餐盤上備用。

煎熟

11. 將中筋麵粉 10 克與水 100 克混合調勻成麵粉水備用。
12. 平底鍋內放入約 1 大匙的沙拉油，將餃子鋪排好。
13. 以中火加熱，當餃子底部稍微定型時，即倒入麵粉水（圖3）。
14. 繼續加熱後，鍋中的麵粉水開始沸騰（圖4）。
15. 麵粉水沸騰之後，接著蓋上鍋蓋繼續加熱（圖5）。
16. 加熱過程中，鍋邊會不斷冒煙，繼續煎約 8～10 分鐘，當鍋內出現聲響時，表示水分即將烤乾，如麵粉水煎至金黃色時，即可放入餐盤反扣盛盤（圖6）。

＊做法 12 入鍋前須將餃子上多餘的麵粉清除，才不會影響油煎時的花紋效果。

＊做法 12 平底鍋內放入沙拉油後，須用鍋鏟確實將沙拉油攤開附著在整個鍋面。

＊倒入鍋中的麵粉水用量，必須超過全部煎餃的範圍；因此在麵粉與水的比例 10 比1的原則下，可依照鍋具大小以及煎餃的份量增加麵粉水的用量。

冰花煎餃

將吃不完的水餃,再以油煎的方式加熱,

將底部煎得金黃酥脆,即是「煎餃」,當然利用生的餃子直接油煎,也稱作煎餃。

在油煎時利用「麵粉水」將煎餃網成透明的脆皮花紋,

如此的特殊效果讓產品有了新意,即稱「冰花煎餃」。

當麵粉水覆蓋在「光滑」的平底鍋上,產生油水分離現象時,就出現透明的「冰花」,

基於這樣的原理,在油煎時,必須掌握麵粉水的用量,不可過多也不可過少,

過多就形成厚厚的麵皮,過少就無法成形。

而要成功做出冰花,除了靠鐵氟龍平底鍋具既有的防沾功能外,

將鍋子均勻地抹油,也能輕易呈現「冰花」狀。

內餡材料

1. 豬絞肉　300克
   - 鹽　1/2小匙
   - 水　4大匙
   - 調味料
     - 醬油　2大匙
     - 薑泥　1/2小匙
     - 白胡椒粉　1/4小匙
     - 白麻油　2大匙
2. 韭黃　100克
3. 白蘿蔔　100克（去皮後）

外皮材料

1. 中筋麵粉　200克
2. 滾水　25克
3. 冷水　110克

麵粉水

1. 水　100克
2. 中筋麵粉　5克（1又1/2小匙）

做法

內餡調配

1. 依 p.43 所述方式進行**絞肉**打水。
2. 依 p.44 所述方式逐項添加**調味料**。
3. 絞肉處理之後，冷藏冰鎮備用。
4. **韭黃**洗淨後切成長約 1 公分的大小；**白蘿蔔**去皮後刨成細絲，加 1 小匙的鹽拌勻，放在室溫下靜置約 10 分鐘，再將白蘿蔔的水分擠出（**圖1**）。
5. 擠乾水份的白蘿蔔絲再切碎（**圖2**）。
6. 韭黃、白蘿蔔絲分別倒入已調過味的肉餡中，為增加餡料的滑潤度，可另外將 **1 大匙的白麻油**淋在蔬菜上，接著用筷子輕輕攪拌均勻即可（**圖3**）。

外皮製作

7. 外皮是屬於燙麵製作，依 p.21「燙麵」做法 1～10 所述方式製作燙麵。
8. 麵糰蓋上保鮮膜放在室溫下鬆弛約 20 分鐘。
9. 麵糰的分割、擀皮依 p.47 水餃皮製作的分割、擀皮製作。

包餡

10. 取適量的餡料放在麵皮中央（**圖4**）。
11. 將麵皮對摺（**圖5**）。
12. 將麵皮黏緊成長條型（**圖6**）。
13. 將麵皮上緣稍微向下輕壓（**圖7**），包好的鍋貼放在撒過麵粉的餐盤上備用。

煎熟

14. 將麵粉水調勻備用。
15. 平底鍋內放入約 1 大匙的沙拉油，將鍋貼入鍋排好，以中火加熱。
16. 倒入麵粉水（**圖8**），麵粉水需完全接觸鍋貼（**圖9**）。
17. 繼續煎 8～10 分鐘，當鍋內出現聲響時，表示水分即將烤乾，將鍋貼底部煎至金黃色，即可鏟出倒扣在餐盤上（**圖10**）。

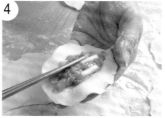

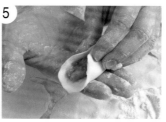

＊白蘿蔔 100 克，擠乾水分後約 50 克。
＊為了強調脆度，在切韭黃、白蘿蔔時不要刻意切得太碎，約 1 公分長度即可。
＊煎鍋貼時，請參考 p.71 的水油煎說明。

韭黃鮮肉鍋貼

同樣是以韭黃鮮肉做為餡料的麵食，但分別以水煮、
油煎的不同方式呈現，其口感與香氣即截然不同。
無論以何種方式製作，韭黃鮮肉的大眾化口味，
永遠受到喜愛；而在餡料中另以白蘿蔔絲與韭黃搭配，
更能突顯蔬菜的甜度與脆度。

瓠瓜鮮肉鍋貼

瓠瓜，具有「甜」的特質，最常以蝦米來增鮮提味，
非常適合入餡做成各種麵食，
因此這道「瓠瓜鮮肉鍋貼」的美味程度可想而知，
尤其用油煎後製成鍋貼，皮脆餡香，顯得格外鮮甜。

份量：約 30 個

內餡材料

1. 豬絞肉　300克
   { 鹽　1/2小匙
   { 水　4大匙

   調味料 { 醬油　2大匙
   { 薑泥　1/2小匙
   { 白胡椒粉　1/4小匙
   { 白麻油　2大匙

2. 瓠瓜　150克（去皮後）
3. 蝦米　1小匙
4. 蔥　3根

外皮材料

1. 中筋麵粉　200克
2. 滾水　25克
3. 冷水　110克

麵粉水

1. 水　100克
2. 中筋麵粉　5克（1又1/2小匙）

做法

內餡調配

1. 依 p.43 所述方式進行**絞肉**打水。
2. 依 p.44 所述方式逐項添加**調味料**。
3. 絞肉處理之後，冷藏冰鎮備用。
4. **瓠瓜**去皮後刨成細絲，加 1 小匙的鹽拌勻，放在室溫下靜置約 10 分鐘，再將瓠瓜的水分擠出（**圖1**）。
5. **蝦米**洗淨後切成細末，與瓠瓜以及**蔥花**分別倒入已調過味的肉餡中。
6. 為增加餡料的滑潤度，可另外將 **1 大匙的白麻油**淋在瓠瓜上，接著用筷子輕輕攪拌均勻即可（**圖2**）。

1

2

外皮製作

7. 外皮是屬於燙麵製作，依 p.21「燙麵」做法 1～10 所述方式製作燙麵。
8. 麵糰蓋上保鮮膜放在室溫下鬆弛約 20 分鐘。
9. 麵糰的分割、擀皮依 p.47 水餃皮製作的分割、擀皮進行。

包餡

10. 依 p.74「韭黃鮮肉鍋貼」做法 10～13 的方式包餡。

煎熟

11. 依 p.74「韭黃鮮肉鍋貼」做法 14～17 的方式煎熟。

＊瓠瓜又名瓠子、扁蒲，俗稱「蒲仔」，瓠瓜的果實形狀很多，有長條狀、圓球形、葫蘆狀等，味道清甜，適合烹煮，多用來製作瓠瓜包子、瓠瓜水餃或瓠瓜餅。

牛肉餡餅

牛肉餡餅是許多人熟悉的家常麵食，鮮嫩多汁的肉餡，令品嚐者為之叫好，然後再佐以小米粥，絕妙的滋味令人滿足。牛肉餡餅是以牛絞肉為重點，在不加其他素菜情況下，要讓肉餡不乾、不柴，除了「打水」的基本動作外，選購肥瘦兼具的肉質絕對有助於餡料「多汁」的效果，另外再靠「調味」提升香氣，傳統做法會在餡料中加入花椒水，藉以去除肉腥味。當然大量的青蔥以及薑泥的辛香味也不能省，而最簡便又有效的方式，則是利用牛肉的好搭檔——洋蔥末來提鮮去腥，不但契合而且鮮美無比。

份量：15 個

內餡材料

1. 牛絞肉　400克
    - 鹽　1小匙
    - 水　5大匙
    - 調味料
        - 醬油　2大匙
        - 薑泥　1/2小匙
        - 米酒　1小匙
        - 白胡椒粉　1/2小匙
        - 白麻油　3大匙
2. 蔥花　50克
3. 洋蔥末　50克
4. 沙拉油　1大匙

外皮材料

1. 中筋麵粉　400克
2. 滾水　100克
3. 冷水　150克

做法

內餡調配

1. 依 p.43 所述方式進行**絞肉打水**。
2. 依 p.44 所述方式逐項添加**調味料**。
3. 絞肉處理之後，冷藏冰鎮備用。
4. **蔥花**及**洋蔥末**分別倒入已調過味的肉餡中。
5. 加入沙拉油，接著用筷子輕輕攪拌均勻即可。

外皮製作

6. 外皮是屬於燙麵製作，依 p.21「燙麵」做法 1～10 所述方式製作燙麵。
7. 麵糰蓋上保鮮膜放在室溫下鬆弛約 20 分鐘。
8. 分割前將麵糰搓成長條狀，儘量粗細一致，才方便分割。
9. 將麵糰分割成 15 等分。

包餡

10. 擀皮前，先用手將小麵糰壓成圓餅狀。
11. 包餡方式依 p.156 的「包餡」，麵皮黏合一圈後，回到原點封口（圖1）。
12. 包好餡料後，放在室溫下鬆弛約 5 分鐘。
13. 用手掌輕輕壓平。

煎熟

14. 平底鍋內放入約 2 大匙的沙拉油，將餡餅放入鍋內（圖2）。
15. 用中小火慢慢將餡餅兩面煎至金黃色即可。

1

2

＊為了增加滑潤多汁的口感，須在全瘦的牛絞肉內添加少許的肥肉，無論牛、豬肥肉均可。

豬肉餡餅

　　比照牛肉餡餅的做法，內餡的主料改成豬肉，則另有不同的滋味，尤其再以高麗菜、紅蘿蔔、韭菜等不同的蔬菜做搭配，融合成天然的甜美滋味；當然「調餡」一定要做好，才能表現料鮮味美又多汁的餡餅特色。

份量：15 個

內餡材料

1. 豬絞肉　300克
   - 鹽　1小匙
   - 水　4大匙

   調味料
   - 醬油　1大匙
   - 薑泥　1/2小匙
   - 白麻油　2大匙

2. 紅蘿蔔　30克
3. 高麗菜　150克
4. 韭菜　50克
5. 蔥　3根

外皮材料

1. 中筋麵粉　400克
2. 滾水　100克
3. 冷水　150克

＊材料中的紅蘿蔔，如要省略汆燙的動作，則需儘量將紅蘿蔔切碎，口感較好。

做法

內餡調配

1. 依 p.43 所述方式進行**絞肉**打水。
2. 依 p.44 所述方式逐項添加**調味料**。
3. 絞肉處理之後，冷藏冰鎮備用。

4　**紅蘿蔔**用滾水汆燙後與**高麗菜**以及**韭菜**分別切碎，連同**蔥花**全部倒入已調過味的肉餡中，攪拌均勻。

外皮製作

5. 外皮是屬於燙麵製作，與 p.78「牛肉餡餅」做法 6～9 相同。

包餡

6. 依 p.78「牛肉餡餅」做法 10～13 的包餡進行。

煎熟

7. 依 p.78「牛肉餡餅」做法 14～15 的煎熟進行。

份量：12 個

內餡材料

1. 冬粉　1把
2. 雞蛋　1個
3. 蝦皮　20克
4. 豆乾　100克
5. 韭菜　200克
6. 豬絞肉　100克

調味料
- 鹽　1/2小匙
- 細砂糖　1/2小匙
- 醬油　1大匙
- 白胡椒粉　1/2小匙
- 白麻油　2大匙

外皮材料

1. 中筋麵粉　300克
2. 滾水　75克
3. 冷水　135克

做法

內餡調配

1. **冬粉**用冷水泡軟後，切成長約 1 公分的大小；**雞蛋**打散後，煎成蛋皮再切碎；**蝦皮**洗淨後擠乾水分；**豆乾**切碎；**韭菜**洗淨後切碎備用。
2. 鍋中放入 3 大匙沙拉油，加熱後用小火將豆乾炒香，盛出備用（**圖1**）。

3. 用鍋中餘油將**豬絞肉**炒至顏色變白，分別加入**鹽**、**細砂糖**以及**醬油**拌炒（**圖2**）。

4. 熄火後，先加入豆乾拌炒，接著加入冬粉、蛋皮、蝦皮拌勻，最後加入韭菜（**圖3**）。
5. 加入**白胡椒粉**、**白麻油**，拌勻後放涼備用（**圖4**）。

外皮製作

6. 外皮是屬於燙麵製作，依 p.21「燙麵」做法 1～10 所述方式製作燙麵。

7. 麵糰蓋上保鮮膜放在室溫下鬆弛約 20 分鐘。

8. 分割前將麵糰搓成長條狀，儘量粗細一致，將麵糰分割成 12 等分。

包餡

9. 擀皮前，先用手將小麵糰壓成圓餅狀（**圖5**）。

10. 將麵皮擀成直徑約 12 公分圓形，再稍微將圓麵皮擀成橢圓形，放入餡料後，再將麵皮對摺黏合（**圖6**）。

11. 利用碗口切除邊緣多餘不規則的麵皮，即成簡單的包餡方式（**圖7**）。
12. 如要在麵皮邊緣捏出花紋，則繼續做法 11 的動作，直接從麵皮一端的邊緣開始向內摺（**圖8**）。

13. 用食指與拇指，將邊緣的麵皮向內反摺，直到尾端（**圖9**）。

煎熟

14. 平底鍋中放入約 2 大匙的沙拉油，將韭菜盒放入鍋內（**圖10**），用中火慢慢將韭菜盒兩面煎成金黃色即可。

＊餡料非常鬆散，包餡時，最好將麵皮放在工作檯上，再放入餡料，並用手稍微壓緊，儘量多放餡料。

韭菜盒  （參見DVD示範）

　　這道家常麵點，顧名思義是以韭菜為主的麵食，再加些其他配料所製成，一般會以素的方式呈現，而在餡料中另加豬絞肉，更能增添滑潤口感，不過只能點綴性添加，以免喧賓奪主，搶了韭菜的風味。首先需要將肉末及一堆配料炒香，然後再拌入韭菜，並融合所有食材的香氣，如此有別於「生料」的拌合方式，卻造成餡料無法黏合的缺點，因此需將鬆散的餡料，儘量「擠進」麵皮中，才能吃到飽滿的韭菜香。

　　韭菜盒包好後，可隨個人的口感喜好，要用油煎還是乾烙，兩者均可，前者是以金黃酥脆取勝，而後者則有一股爽口的麵香滋味，總之，各有特色的美味，需親口品嚐才能體會。

薄
餅
類

都是熟悉的好滋味

以水調麵製成的「餅」，不含任何膨鬆劑，成品的組織不具鬆發效果，餅的厚度也有限，因此將本單元的麵食稱為「薄餅類」。不同口感的薄餅，除了直接食用外，也可包入各式葷素配料，只要是自己愛吃的食材，都能捲在薄餅中，搭配食用，對忙碌的現代人而言，無疑是美味又營養的「速食」餐點。

應用不同的水調麵糰即能製成各式薄餅，不需艱難的製作技巧，很輕易即可做出媲美市售的產品；更方便的是，成形後的水調麵糰不易變形，因此很適合一次多做一點，再密封冷凍保存，要食用時即可取出直接熟製。

各式薄餅的製作

本單元的薄餅，主要以冷水麵或燙麵調製，不同的麵糰性質，藉由煎或烙的方式，即呈現不同特色的產品；因此，掌握「麵糰性質」與「熟製技巧」兩項重點，即可製作出美味可口的各式薄餅；本單元的各式薄餅，即便是「燙麵」形態，但每種產品特別以不同比例的滾水、冷水製作，在揉麵成形的同時，希望讀者們可以體會不同的「手感」；依書中的份量，無論冷水麵或燙麵，均能以手工順利揉麵，既方便又快速，非常適合家庭製作。

各式薄餅的製作流程

揉麵 → 整形 → 熟製

揉麵

本單元的各項薄餅，都以水調麵製成，麵糰性質包括**冷水麵**、**燙麵**以及**全燙麵**等，做法簡單又快速。

1. **冷水麵**：手工揉製冷水麵，麵糰呈「三光」狀態即可，揉麵方式請看 p.46 水餃皮製作的揉麵以及 p.86 單餅的冷水麵做法。
2. **燙麵**：手工揉製燙麵，請看 p.21 的做法。
3. **全燙麵**：手工揉製全燙麵，請看 p.22 以及 p.86 單餅的全燙麵做法。

整形

要將麵糰製成「薄餅狀」，主要的工作就是將麵糰「擀薄」，再藉由麵皮的抹油、捲、擀等基本動作，即能突顯薄餅的口感與層次；薄餅類麵食的擀麵、整形等工作，需注意以下事項：

1. 可依個人的需要或喜好，來分割麵糰，未必要依照書中的個數製作。

2. 當麵糰需要擀成圓形或正方形時,可儘量擀薄,做法中的尺寸僅供參考。

3. 整形的過程中,麵糰需有足夠的鬆弛時間,不可勉強將麵糰擀薄,否則餅皮容易破裂;鬆弛後的麵糰,即使不用擀麵棍,也很容易用手直接將麵糰壓平,並攤成需要的大小,例如 p.96 蔥油餅的製作,當長條狀麵糰捲成螺旋狀後,麵糰鬆弛1小時,即可直接用手將麵糰壓薄,而省略擀麵的動作。

熟 製

本書中的各項薄餅,是以**油煎**或**乾烙**方式熟製,無論油煎或乾烙,入鍋前須將多餘的麵粉清除,以免影響成品的外觀。由於燙麵或薄麵糰都具有易熟的特性,因此必須注意火侯拿捏與麵糰受熱狀況,重點如下:

油煎

平底鍋加熱後,加入少量的沙拉油(或其他液體油),接著放入麵糰,原則上以中小火慢慢油煎,待麵糰上色定型後即可翻面,並隨時觀察麵糰受熱、上色狀態,適時調整爐火大小,需多次翻面使麵糰兩面上色均勻,例如:p.96 的蔥油餅。

乾烙

有關「乾烙」,請參考 p.113 的「烙」的說明。

1. 平底鍋務必清洗乾淨,在烙製受熱時才不容易出現焦黑現象。

2. 入鍋乾烙時,平底鍋需加熱,但不要加熱過度,以免麵皮瞬間上色甚至燒焦;烙製時麵皮稍微上色即可翻面。

3. 以小火烙製,只要兩面稍微上色即可,不要加熱過度,餅皮才不會變硬。

4. 薄餅乾烙時,很快即可烙熟,因此不需蓋鍋蓋。

份量：26 張

材料
1. 中筋麵粉　300克
2. 滾水　150克
3. 冷水　75克
4. 鹽　1/4小匙

做法
1. 荷葉餅的餅皮屬於燙麵製作，依 p.21「燙麵」的做法 1～10 所述方式製作麵糰。
2. 將麵糰搓揉成糰即可，蓋上保鮮膜放在室溫下鬆弛約30分鐘，即可開始整形（圖1）。
3. 麵糰分割成 26 等分，並用手將每份麵糰整成圓形（圖2）。
4. 將小麵糰的表面沾上少許的沙拉油（圖3）。
5. 也可用小刷子直接在小麵糰表面刷上沙拉油（圖4）。
6. 接著將抹過油的小麵糰，壓在另一塊小麵糰之上（圖5）。
7. 將重疊的小麵糰輕輕擀開、擀圓（圖6）。
8. 將麵糰擀成直徑約18公分的圓片狀（圖7）。
9. 直接將麵皮放入平底鍋內，用小火乾烙（圖8）。
10. 當麵皮稍微上色後即可翻面，將兩面烙成同樣色澤即可（圖9）。
11. 烙好的荷葉餅，趁熱將餅皮撕開成兩片（圖10）。
12. 將自己愛吃的配料包入餅內即可。

＊做法 3 的麵糰分割，可分成更小的麵糰，適合搭配甜麵醬及脆皮烤鴨食用。
＊做法 10 麵皮翻面後，加熱後中間會隆起，稍為上色即可起鍋，不要加熱過度，餅皮才不會變硬。

荷葉餅  （參見DVD示範）

　　荷葉餅又叫春餅、白薄餅，通常以燙麵的方式製作，外型可大可小，其特色是將兩塊麵糰抹油重疊，再一起擀開、擀薄再烙熟，一次烙兩張，不但速度快，而且減少餅皮的受熱機會，烙出的荷葉餅更加柔軟、有彈性。

　　搭配荷葉餅的家常配菜，既豐富又隨興，像京醬肉絲、韭黃肉絲、豬肚絲、蝦仁炒蛋，或以大張的荷葉餅包著綠豆芽、韭黃、木耳絲、蛋絲、肉絲等眾多食材組成的「合菜」等，無論葷素、無論濃淡，都各有不同的滋味。另外最為人熟知的料理，則是餐館中的脆皮烤鴨與荷葉餅的搭配，當片好的鴨肉端上桌時，盛在小蒸籠中的荷葉餅也隨即送上，溫熱、軟Q的小荷葉餅抹上甜麵醬後，再包著蔥白絲以及香酥脆皮烤鴨，一口咬下的滿足感，另人回味回窮。

方法一（冷水麵製作）

份量： 4 張

材料

1. 鹽　1/4小匙
2. 冷水　115克
3. 中筋麵粉　200克

做法

1. 將鹽倒入冷水中，攪拌至鹽溶化（**圖1**）。
2. 將鹽水倒入麵粉中（**圖2**）。
3. 先用橡皮刮刀將所有材料攪勻至水分消失（**圖3**）。
4. 搓揉成三光麵糰後，麵糰蓋上保鮮膜放在室溫下鬆弛約 30 分鐘，即可開始整形（**圖4**）。
5. 將麵糰分割成 4 等分，將每份麵糰整成圓形，再用手壓平（**圖5**）。
6. 麵糰擀成直徑約 25 公分的圓片狀，直接放入平底鍋內，用小火乾烙至熟即可（**圖6**）。
7. 將自己愛吃的配料包入餅內即可。

方法二（全燙麵製作）

份量： 6 張

材料

1. 鹽　1/2小匙
2. 中筋麵粉　200克
3. 滾水　200克

做法

1. 鹽加入麵粉中備用。
2. 接著依 p.22 的「全燙麵」的做法製作麵糰。
3. 將麵糰抹上少許的沙拉油，用保鮮膜包好（或放入抹油的塑膠袋內），放在室溫下冷卻、鬆弛約 1 小時，即可開始整形。
4. 麵糰鬆弛後，分割成 6 等分，沾少許的沙拉油，用擀麵棍儘量將麵糰慢慢地擀成圓薄片。
5. 直接放入平底鍋內，用小火乾烙至熟即可。

＊方法一的麵糰是以冷水麵製作，揉麵方式如 p.20 的冷水麵。
＊方法一的做法 6 在烙製冷水麵的麵皮時，只要麵糰烙熟，稍微上色即可，不可過度加熱，以免麵皮變硬。
＊方法二的麵糰很軟，分割成小等分、較容易操作。
＊方法二的擀麵動作需輕巧，麵皮才不易擀破，麵糰已沾有沙拉油，所以直接入鍋乾烙即可，不需再放油。
＊以全燙麵製作單餅，比冷水麵更易烙熟，因此只要麵皮定型、稍微上色即可。

單餅 兩種做法不同口感

　　對「單餅」最深刻的印象，就是最簡單的薄餅。小時候曾看過父親做過各種的「餅」，其中以單餅最快速又俐落，只要麵粉和冷水兩樣材料，用手調成適當軟硬度的麵糰，不用蔥花，也不放任何調味料，擀薄後接著入鍋，不放一滴油直接以小火乾烙，起鍋後趁熱捲著韭黃肉絲，咬勁十足，香氣四溢；不過有趣的是，吃完後嘴唇邊還會沾著一圈吃單餅所留下的麵粉。所以別忘了，麵皮入鍋前得用雙手將多餘的粉抖掉，否則吃時嘴唇邊就會留下麵粉痕跡。以冷水麵製作的單餅，特別要配合起鍋時機，最好邊烙邊吃，否則餅皮一旦冷卻後，過硬的口感恐怕讓人難以招架。

　　為了讓讀者能夠品嚐不同的口感，除了**方法一**的冷水麵外，同時又列出**方法二**的全燙**麵**製作的材料及做法，有興趣的讀者，不妨做做看。

全麥單餅

利用全麥麵粉製作各式麵食，多了麩皮的膳食纖維，
同時也增添淡淡的麥香口感。就如這道全麥單餅，
其實是從陽春式的原味單餅延伸而來，但兩者風味卻因用料的不同而有差異。
為了彌補全麥麵粉的粗糙感，因此這道單餅便以燙麵方式製作，
如果再儘量將餅皮擀薄，則口感更加軟嫩可口，
無論捲著牛肉、大蔥，還是配上清爽的各式蔬果，都是平易近人的家常美味。

份量：6 張

材料

1. 中筋麵粉　200克
2. 全麥麵粉　100克
3. 滾水　180克
4. 冷水　55克
5. 鹽　1/4小匙

做法

1 中筋麵粉、全麥麵粉混合，滾水以繞圈方式倒入麵粉中，用橡皮刮刀或筷子攪拌，不停地從容器底部將麵粉往上撥動，均勻混合後成為鬆散的麵糰。

2 接著倒入冷水以及鹽，先用橡皮刮刀或手將所有材料混合均勻，再將濕黏麵糰放在工作檯上，繼續搓揉至三光狀態，麵糰蓋上保鮮膜，放在室溫下鬆弛約 30 分鐘，即可開始整形。

3 鬆弛後的麵糰，外表更光滑，且具延展性。

4 將麵糰分割成 6 等分，並用手將每份麵糰整成圓形。

5 用擀麵棍儘量將麵糰擀薄，擀成直徑約20公分左右的圓薄片，直接放入平底鍋內，用小火乾烙至熟即可。

6. 將自己愛吃的配料包入餅內即可。

＊全麥單餅是以燙麵製作，如 p.21 燙麵的做法。

＊燙麵較容易烙熟，稍微上色即可，不可過度加熱，以免麵皮變硬。

蔥花淋餅

淋餅有別於其他類型的薄餅，製作時的用料既不是麵糰，
也用不著擀麵棍，與法國的可麗餅（Crêpe）倒是很類似，
都是以稀麵糊調製而成，兩者的麵糊除了鹹、甜的口味差異外，
製作方式是一樣的。薄薄的稀麵糊攤在平底鍋或鐵板上，
很容易煎熟。淋餅可包著各式配料，捲成長條狀後再切塊食用，
或將煎好的餅皮夾著蛋皮製成軟嫩的蛋餅，也非常方便。

份量：5 個

材料

1. 雞蛋　1個（去殼後約 60 克）
2. 冷水　315克
3. 中筋麵粉　200克
4. 玉米粉　1/2小匙
5. 鹽　1/2小匙
6. 青蔥　25克

做法

1. 先用筷子將**雞蛋**打散，再倒入**冷水**混合均勻（圖1）。

2. **麵粉**、**玉米粉**以及**鹽**先放在同一容器中，混合後的蛋、水全部倒入粉料中，用打蛋器攪拌成無顆粒的均勻粉漿（圖2）。

3. 粉漿放入冷藏室靜置約1小時，取出後倒入切碎的**青蔥**，用橡皮刮刀拌勻即可（圖3）。

4. 平底鍋加熱，放少量的沙拉油，再舀入一大湯杓的粉漿，快速將平底鍋轉一圈，使粉漿均勻地攤成薄的圓餅狀（圖4）。

5. 用中小火將粉漿煎至定型，周圍麵皮稍微往上掀起即可翻面（圖5）。

6. 繼續煎成金黃色即可（圖6）。

＊蛋量不足時可以用冷水補足。

＊材料中的青蔥是指蔥前端的綠色部分，以青蔥製作香氣較足，要將蔥白部分加入粉漿內也可行。

＊做法 2 拌合粉料與液體材料時，用打蛋器較好操作，若無打蛋器，則以二、三雙筷子攪拌，並以不規則方向攪拌比較容易均勻。

＊做法 3 的粉漿放入冷藏室靜置，材料可充分混勻；為節省時間，也可縮短靜置時間，但至少需要 10 分鐘。

＊做法 4 平底鍋中加少量沙拉油後，最好再用廚房紙巾塗抹均勻，有利於成品的製作。

材料

1. 蔥花　1小匙
2. 紅蘿蔔絲、小黃瓜絲、韭黃　各15克
3. 中筋麵粉　200克
4. 玉米粉　1小匙
5. 鹽　1/2小匙
6. 雞蛋　1個（去殼後約60克）
7. 冷水　300克

做法

1. **蔥花、紅蘿蔔絲、小黃瓜絲、韭黃**
   放在同一容器中備用（**圖1**）。

2. **麵粉、玉米粉**以及**鹽**先放在同一容
   器中，混合後的**蛋、水**全部倒入粉
   料中，用打蛋器攪拌成無顆粒的均
   勻粉漿（**圖2**）。

3. 粉漿放入冷藏室靜置約1小時，取
   出後加入做法 1 的混合材料，用橡
   皮刮刀拌勻即可（**圖3**）。

4. 平底鍋加熱放入少量的沙拉油，再
   舀入一大湯杓的粉漿，快速將平底
   鍋轉一圈，使粉漿均勻地攤成薄的
   圓餅狀（**圖4**）。

5. 用中小火將粉漿煎至定型，周圍麵
   皮稍微往上掀起即可翻面，繼續煎
   成金黃色即可（**圖5**）。

＊蔬菜淋餅是以冷水調製粉漿，如p.90 蔥
　花淋餅做法1～2。

　＊材料中的紅蘿蔔絲較不易煎熟，因此可
　　將整塊紅蘿蔔燙熟後再切成絲狀；而小
　　黃瓜、韭黃屬於易熟蔬菜，不需事先燙
　　熟。

蔬菜淋餅

調製淋餅的稀麵糊，不需要任何技巧，同時也很容易變化不同的口味，
只要將不同的蔬菜或配料切碎或切絲，再調入麵糊內，
即成營養、美味兼具的淋餅，既簡單又快速，
因此非常適合當做點心或早餐食用。
為了省時又方便，可事先將麵糊調好、配料備妥，
覆蓋保鮮膜後冷藏備用，隔天再將材料混合入鍋，
就能快速享用現做的美味早餐。

份量：4 個

材料

1. 中筋麵粉　200克
2. 滾水　100克
3. 冷水　65克
4. 鹽　1/4小匙
5. 紅豆沙　220克

做法

1. 豆沙鍋餅的餅皮屬於燙麵製作，依 p.21「燙麵」的做法 1～10 所述方式製作麵糰。

2. 麵糰搓揉完成後，蓋上保鮮膜，放在室溫下鬆弛約30 分鐘，即可開始整形。

3. 紅豆沙分成 4 等分後，分別鋪在保鮮膜上，用大刮板將紅豆沙塑成約16公分的正方形備用（圖1）。

4. 將麵糰分割成 4 等分（圖2）。

5. 將麵糰擀成直徑約20公分的圓薄片麵皮（圖3）。

6. 用雙手將麵皮上多餘的麵粉抖落（圖4）。

7. 將麵皮直接攤在平底鍋上，用小火乾烙（圖5）。

8. 當麵皮烙至定型，即可鏟出放在餐盤上備用（圖6）。

9. 將保鮮膜上的紅豆沙反扣在麵皮上，接著撕掉保鮮膜（圖7）。

10. 將麵皮上、下，左、右對摺（圖8）。

11. 鍋中加1大匙的沙拉油，將包好紅豆沙的餅皮，摺口朝下放入油鍋中（圖9）。

12. 用小火將豆沙鍋餅兩面煎至金黃色即可（圖10）。

＊材料中的紅豆沙可在烘焙材料店購買。

＊如紅豆沙的質地軟滑，很容易塗抹在餅皮上時，即可省略做法 3 事先鋪在保鮮膜上整形的動作。

＊做法 5 的麵皮儘量擀薄，成品的口感較好。

＊做法 6 的麵皮，入鍋前將多餘的麵粉抖落，油煎時較不易燒焦。

＊做法 8 的麵皮只要烙至定型即可，不須上色。

豆沙鍋餅

在中式餐館中，經常見到以豆沙鍋餅當作飯後甜點，
事實上，這道麵點簡單易上手，因此很容易在家製作。
為了讓口感更加軟嫩，餅皮要儘量擀薄，然後均勻地抹上紅豆沙，
緊密包好再回鍋油煎成金黃酥脆的色澤；除了以燙麵方式製作餅皮外，
也可利用原味淋餅製作，總之，不同的薄餅應用，巧妙滋味各有不同。

份量：4 張

材料

1. 中筋麵粉　250克
2. 滾水　150克
3. 冷水　60克

配料

1. 蔥花　60克
2. 鹽　1/2小匙
3. 沙拉油　2大匙

做法

1. 蔥油餅屬於燙麵製作，依 p.21「燙麵」的做法 1～10 所述方式製作麵糰。

2. 因材料中的水量比例很高，麵糰非常濕黏，材料聚合成糰即可（**圖1**）。

3. 可利用橡皮刮刀刮除手上與容器內的溼麵糰，接著在麵糰上抹些沙拉油，再放入保鮮膜內（或塑膠袋內），鬆弛約 1 小時，即可開始製作。

4. 將麵糰分割成 4 等分（**圖2**）。

5. 先用手將麵糰延伸成細長麵皮（**圖3**）。

6. 再用擀麵棍將麵皮擀薄，接著均勻地刷上（或用手抹上）沙拉油；鹽加入蔥花內拌勻，將1/4的份量蔥花鋪在麵皮上（**圖4**）。

7. 將麵皮捲成長條狀再慢慢拉長，接著繞成螺旋狀（**圖5**）。

8. 將麵糰放在抹油的容器上鬆弛約 1 小時（**圖6**）。

9. 用手將麵糰慢慢壓平、攤開，再用擀麵棍稍微擀薄（**圖7**）。

10. 鍋中加入 1 大匙的沙拉油，以中小火將兩面煎成金黃色即可（**圖8**）。

＊做法 3 在麵糰上抹的沙拉油，是材料內以外的份量。

＊配料中的沙拉油，是用來抹在麵皮上的，供 4 張麵皮使用。

＊儘量將麵皮擀薄，擀得越薄，煎出來的蔥油餅層次越多。

＊煎好的蔥油餅，可比照 p.100 手抓餅方式將餅拍鬆。

＊擀好的麵糰已沾上沙拉油，因此平底鍋內只要放少量的沙拉油即可。

蔥油餅 （參見DVD示範）

　　蔥油餅是廣受眾人喜愛的家常麵食，無論走到那裡似乎都能見到蔥油餅的蹤跡，經常可以發現賣蔥油餅的攤子前，永遠不乏排隊等待的人群。剛起鍋的蔥油餅，香氣逼人，實在誘人食慾。很多人愛吃蔥油餅，也會做蔥油餅，以蔥油餅當作正餐，佐以幾樣小菜、涼拌菜，再配上一碗綠豆稀飯，簡簡單單吃一餐，堪稱最平凡的美味享受。

　　製作蔥油餅以燙麵或冷水麵均可，不過多數的人還是喜歡用燙麵製作。顧名思義，所謂「蔥油餅」，少不了的就是「蔥」和「油」，當麵皮上抹了一層油、鋪上滿滿的蔥花，透過油煎或油炸，即將蔥香與麵香的滋味展現無遺，若要麵皮的層次更分明、口感更加酥鬆，那麼用豬油製作準沒錯。掌握以上原則，輕而易舉即能做出這道超人氣的麵點。

份量：6 個

材料

A. 油酥
1. 中筋麵粉　150克
2. 沙拉油　80克
3. 鹽　1/2小匙

C. 配料

生的白芝麻　50克

B. 餅皮
1. 中筋麵粉　300克
2. 滾水　125克
3. 冷水　100克
4. 豬油（或沙拉油）25克
5. 鹽　1/4小匙

做法

油酥製作

1. 用小火將麵粉炒至稍微變色即可，放涼後過篩備用（圖1）。
2. 沙拉油加熱至160～170℃，再慢慢沖入熟麵粉中（圖2）。
3. 將鹽加入熟麵粉中攪拌均勻，放涼備用（圖3）。

餅皮製作

1. 白芝麻酥餅屬於燙麵製作，依 p.21「燙麵」的做法 1～10 所述方式製作麵糰，豬油是在加入冷水之後接著加入，全部材料混合後即可搓揉成糰。
2. 麵糰蓋上保鮮膜，放在室溫下鬆弛約 30 分鐘，即可開始整形（圖4）。
3. 將鬆弛過的麵糰分割成 6 等分（圖5）。
4. 先用手指將麵糰攤開延伸變成圓片狀麵皮（圖6）。
5. 再用擀麵棍擀成直徑約 24 公分的圓形，接著均勻地鋪上油酥（圖7）。
6. 將麵皮捲成長條狀，注意一定要捲緊（圖8）。
7. 麵糰捲成長條狀後，放在室溫下鬆弛約 10 分鐘（圖9）。
8. 用手將長條麵糰慢慢再搓得更細長（圖10）。
9. 將麵糰繞成螺旋狀後，放在室溫下鬆弛約15分鐘（圖11）。
10. 將螺旋狀麵糰壓平（圖12）。
11. 將麵糰表面沾上白芝麻，再用手輕輕壓緊（圖13）。
12. 用廚房紙巾沾沙拉油，均勻地抹在平底鍋內，將沾有白芝麻的一面朝下放入平底鍋內，用小火慢慢烙熟，當麵糰上色後即可翻面，將兩面烙成金黃色即可（圖14）。

1

8

2

9

3

10

4

11

5

12

6

13

7

14

白芝麻酥餅 （參見DVD示範）

滾燙的熱油沖入炒香的麵粉中混合成糰後，即成香噴噴的「油酥」，
用來做燒餅、各式酥餅，具有提升香氣、製造麵皮層次的效果。
這道白芝麻酥餅即是結合燒餅與蔥油餅的做法，整形方式與蔥油餅相同，
只是麵皮上鋪滿油酥，捲好的麵糰表面最後再沾著滿滿的白芝麻，
油酥與芝麻的雙重香氣，讓人齒頰留香。

＊做法 9 的麵糰需有足夠的鬆弛時間，就很容易用手
　直接壓平、攤開，而省略擀麵的動作。
＊做法 11 的麵糰表面所沾的白芝麻，勿用烤熟的，以
　免入鍋烙製時，又再次加熱而燒焦；麵糰沾上白芝
　麻後，可用手再輕輕地將白芝麻壓緊。
＊麵糰烙製時，不放油直接乾烙亦可，當麵糰尚未上
　色定型時，不要任意翻動，以免白芝麻脫落。

手抓餅

這也是一道廣受歡迎的庶民小吃，最誘人之處，
在於層層的餅皮，酥酥鬆鬆，越吃越香。
製作手抓餅，無論燙麵或冷水麵均可，
不過用冷水麵製作，麵皮更具彈性，嚼感也更帶勁。
麵皮中的豬油是造就口感酥鬆不可或缺的基本元素，
如此一來，油煎後的麵皮才會呈現層次分明的效果，
最後當麵皮油煎完成，必須趁熱迅速拍散，
才會呈現一絲一絲的麵皮狀。

＊手抓餅的麵糰是以冷水麵製
　作，揉麵方式如 p.20 冷水麵
　皮的做法。
＊做法 4 的麵皮未必要擀成
　特定的長寬，只要將麵皮儘
　量擀薄即可；麵皮刷油對摺
　後，再用手輕輕地延展拉
　長；麵皮越薄、拉得越長，
　層次越多。
＊做法 8 的麵糰需有足夠時間
　鬆弛，就很容易用手直接壓
　平攤開，而省略擀的動作，
　如 p.96 蔥油餅的圖7。

份量：5 張

材料

1. 中筋麵粉　300克
2. 鹽　1/2小匙
3. 豬油　20 克
4. 冷水　190克
5. 沙拉油　適量

做法

1. 將麵粉、鹽、豬油以及冷水全部混合。
2. 先用橡皮刮刀攪拌成鬆散狀，再倒在工作檯上繼續搓揉成三光麵糰。
3. 麵糰分割成 5 等分，抹上沙拉油，防止沾黏（**圖1**），放在室溫下鬆弛約 30 分鐘，即可開始整形。
4. 先用手將麵糰延伸成細長麵皮，再用擀麵棍擀成長約 45 公分、寬約 10 公分的薄麵皮，接著均勻地刷上沙拉油（**圖2**）。
5. 將薄麵皮兩邊對摺黏合（**圖3**）。
6. 用手將薄麵皮輕輕地延展拉長（**圖4**）。
7. 將麵皮慢慢地捲成螺旋狀（**圖5**）。
8. 捲成螺旋狀後，放在抹油的容器上鬆弛約 1 小時（**圖6**）。
9. 將麵糰慢慢壓平、擀開，放入油鍋中，以中小火將兩面煎成金黃色，取出後放在吸油紙上，趁熱用雙手拍鬆即可（**圖7**）。

份量：2 個

材料

1. 中筋麵粉　250克
2. 滾水　100克
3. 冷水　85克
4. 鹽　1/2小匙

內餡

1. 青蔥　50克
2. 沙拉油　1小匙
3. 白胡椒粉　1/2小匙
4. 鹽　1/2小匙

做法

1. 胡椒蔥餅屬於燙麵製作，依 p.21「燙麵」的做法 1～10 所述方式製作麵糰。
2. 麵糰搓揉成糰後，蓋上保鮮膜放在室溫下鬆弛約 30 分鐘，即可開始整形。
3. 麵糰在鬆弛的同時，將青蔥切成長約 1 公分的蔥粒，加入沙拉油、白胡椒粉、鹽拌勻備用（**圖1**）。
4. 麵糰鬆弛後，分割成 2 等分（**圖2**）。
5. 用擀麵棍將麵皮擀成長約 45 公分、寬約 10公分的薄麵皮，均勻地刷上沙拉油，將青蔥鋪在薄麵皮的中心部位（**圖3**）。
6. 將薄麵皮對摺黏緊（**圖4**）。
7. 用雙手輕輕地將薄麵皮內的空氣壓出（**圖5**）。
8. 接著將麵皮捲成螺旋狀，再將尾端塞入底部，放在抹油的容器上鬆弛約 20 分鐘（**圖6**）。
9. 用手將鬆弛過的麵糰慢慢壓平稍微攤開即可，鍋中加入 2 大匙的沙拉油，以中小火慢慢地煎（**圖7**）。
10. 將兩面煎成金黃色即可起鍋（**圖8**）。

＊材料中的青蔥指的是蔥前端綠色的部分。

＊做法 5 在薄麵皮上，均勻地刷上沙拉油，是材料內以外的份量。

＊做法 6 的麵皮需注意黏緊，在油煎時才不會爆餡。

胡椒蔥餅

這道胡椒蔥餅與坊間的宜蘭蔥餅雷同。

胡椒蔥餅雖然也是利用蔥與燙麵所製成，不過跟蔥油餅相比，

仍有不同之處，胡椒蔥餅內的「蔥」集中包在麵皮上，

具有「內餡」的意義，當麵皮捲起後，如同條狀的「蔥管」，

然後再圈成螺旋狀，即可壓平入鍋油煎，因為厚度的關係，

入油鍋後必須小火慢煎，當表皮呈現金黃酥脆時就可起鍋，

趁熱一口咬下，滿滿的蔥香撲鼻而來，過癮極了。

蛋餅

蛋餅是在中式早餐店中常見的麵點,軟嫩的餅皮夾著蛋香,
切成小塊後淋上甜辣醬或醬油膏,是很多人鍾愛的早餐。
蛋餅的餅皮可利用麵糊型的淋餅或一般的燙麵製作。
在家做蛋餅當早餐,既方便又簡單,為了方便及有效率起見,
事先可將餅皮一張張煎好,再存放於冷凍庫中,
要做蛋餅時可提前取出,直接覆蓋在打散的蛋汁上,
將兩面加熱煎熟,很快地蛋餅就大功告成了。

份量:5張

材料

1. 中筋麵粉　200克
2. 滾水　160克
3. 冰鮮奶　30克(2大匙)
4. 鹽　1/4小匙
5. 雞蛋　5個

做法

1. 蛋餅屬於燙麵製作,依 p.21「燙麵」的做法 1～10 所述方式製作麵糰;滾水倒入麵粉中,用橡皮刮刀(或筷子)不停地攪拌後,即成一坨一坨的鬆散麵糰。

2. 接著將冰鮮奶以及鹽分別加入,再用手輕輕搓揉成糰即可,將麵糰抹上少許的沙拉油,用保鮮膜包好(或包入塑膠內)放在室溫下鬆弛約 1 小時左右,即可開始整形。

3 麵糰鬆弛後,將麵糰分割成5等分,先用手將麵糰攤開延伸變成圓片狀。

4. 再用擀麵棍儘量將麵糰擀薄,擀成直徑約 22 公分的圓片狀。

5. 在鍋中加入少許的沙拉油,以中小火將麵皮兩面煎成淡金黃色,起鍋備用。

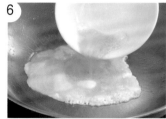

6 將雞蛋打散,倒入油鍋中,用小火煎至定型。

7 將餅皮蓋在蛋皮上。

8 翻面後,將餅皮再稍微煎一下,用夾子(或鍋鏟)將餅皮捲起,盛出後切成小塊即可。

＊材料中的冰鮮奶,可以冷水代替。
＊做法 6 的雞蛋煎熟後,亦可盛出鋪在煎好的餅皮上,再將餅皮捲起來。
＊做法 6 的雞蛋打散後,可隨個人喜好,在蛋液中添加蔥花以及鹽調味。

發酵麵食

發酵麵食的製作

從和麵開始到成品製作完成，主要的製作重點有三項，歸納如下：

揉麵 → 整形 → 熟製

揉麵

🥢 理想的麵糰

要製作發酵麵食前，首先需要準備**軟硬適中**、符合產品需求的麵糰，一來有利於整形的順利，二來有助於成品的品質；用料中的水分越多，麵糰與成品也就越軟，反之，麵糰與成品就越硬，因此可隨個人的操作習慣或口感偏好，將水量適度增減。另外更需注意的是，麵粉的吸水量有時會因麵粉的品牌、等級而有所不同，因此也需適時調整材料中的水量。

揉麵時，只要將所有材料混合，並以正確的力道搓揉，最基本的要求是「**三光**」狀態，即麵糰在不停搓揉後所產生的視覺效果——麵糰光、手光、容器光，也就是在**不黏手**的條件下，將乾、濕材料搓揉成糰即可（**圖1**）。但為了讓成品細緻光滑，麵糰的搓揉要求可比「三光」狀態更光滑些（**圖2**）。

🥢 手工揉麵 vs. 機器攪拌

依照本書中的份量，無論以手工揉製或家用 8 公升攪拌機，都能輕而易舉將麵糰搓揉（攪拌）完成。以下分別說明手工揉麵與機器攪拌的重點：

■手工揉麵

1. **在鋼盆內聚合材料**：將所有材料放入鋼盆內，先用橡皮刮刀（或用擀麵棍）攪勻至水分消失，接著用手將鋼盆內鬆散的材料混合成完整麵糰，最後再將麵糰移至工作檯上，繼續用雙手搓揉成光滑狀；如此作法可避免用手直接接觸乾、溼材料，而造成雙手溼黏狀態，因此特別適合新手操作。

2. **揉麵的力道**：雙腳一前一後站立，上半身須配合雙手揉麵的動作，身體微微向前傾斜，揉麵時，用雙手的手掌不停搓揉麵糰，並以捲、壓、揉的方式將麵糰揉到光滑狀。

■機器攪拌

1. **全程以慢速攪拌**：用攪拌機的鈎狀攪拌器攪拌，全程儘量以慢速攪拌，若速度過快時，拌入過多空氣，會不利於擀麵（壓麵）的動作。
2. **勿攪拌過度**：麵糰攪拌至光滑狀態即可，攪拌過度時，麵糰筋性過強，也會影響擀麵、成形等動作。

麵糰形成

發酵麵食的麵糰形成，無論以手工揉麵或機器攪拌，均可以最常用的兩種方式進行，即一次攪拌法、二次攪拌法，其過程分別如下：

■一次攪拌法（又稱「直接法」） （參見 DVD 示範）

將所有材料同時混合，用雙手搓揉成糰（或機器攪拌），是發酵麵食最普遍使用的方式，是既簡便又快速的製程。例如：饅頭類的白饅頭（p.122）、黑糖饅頭（p.132）、芋頭鮮奶饅頭（p.134）以及包子類的菜肉包子（p.158）、咖哩肉包（p.164）等。

一次攪拌法示範如下→

■材料

1. 水 265 克
2. 即溶酵母　5 克（1 小匙＋ 1/4 小匙）
3. 中筋麵粉　500 克
4. 細砂糖　25 克
5. 沙拉油　5 克（1 小匙）

■做法

1. 先將水、即溶酵母混合，再將所有材料混合（**圖3**）。
2. 用橡皮刮刀（或用擀麵棍）將所有材料攪勻至水分消失（**圖4**）。
3. 用手在鋼盆中搓揉麵糰（**圖5**）。
4. 繼續搓揉後，鬆散狀麵糰即成完整的麵糰（**圖6**）。
5. 麵糰移至工作檯上，繼續用雙手搓揉成光滑狀，並將麵糰放置在室溫下鬆弛約5分鐘，再繼續接下來的動作（**圖7**）。

■二次攪拌法　　○（參見 DVD 示範）

　　將材料分成兩部分，其中一份材料先用橡皮刮刀混合成糰（或機器攪拌），稱為「**中種麵糰**」，發酵約 1 小時後，再與另一份材料混合，用雙手搓揉成糰（或機器攪拌），從這部分開始的揉麵動作以及製作流程，均與一次攪拌法相同；以二次攪拌法製作，發酵的時間較久，因此酵母用量較少，但成品的口感較有彈性，組織也較細緻。例如：饅頭類的刈包（p.140）以及包子類的五香鮮肉包子（p.166）等。

二次攪拌法示範如下→

■材料

A { 1.水　165 克
2.即溶酵母　2 克（1/2 小匙）
3.中筋麵粉　200 克 }

B { 1.中筋麵粉　100 克
2.細砂糖　10 克
3.沙拉油　5 克（1 小匙） }

■做法

1.材料A的水、即溶酵母混合後，再將麵粉加入拌成均勻的麵糊狀，蓋上保鮮膜放在室溫下發酵（圖8）。

2.約1小時之後材料A發酵完成（圖9）。

3.材料A與材料B的麵粉、細砂糖以及沙拉油混合（圖10）。

4.用手將所有材料搓揉成糰（圖11）。

5.將麵糰移至工作檯上，繼續用雙手搓揉成光滑狀，並將麵糰放置在室溫下鬆弛約5分鐘，再繼續接下來的動作（圖12）。

🥢 麵糰鬆弛

　　當麵糰搓揉完成後，麵糰筋性即會產生，因此需要將麵糰「鬆弛」，亦稱「醒麵」，以便順利進行之後的擀、壓動作，但鬆弛時間不可太久，以避免麵糰內部產生過多的氣泡，而影響壓麵；因此，只要將麵糰放在室溫下，鬆弛約5分鐘即可開始操作（饅頭、花捲、包子以及軟式烙餅等發酵麵食均適用）。

🥢 壓麵（擀麵）

　　「壓麵」是指利用壓麵機將麵糰反覆延壓、摺疊，將原本粗糙麵糰壓成光滑狀的麵皮，藉由這樣的程序，成品外觀也會細緻、內部具有均勻細小的孔洞組織；尤其製作饅頭製品時，壓麵的動作非常重要，其他麵食類則可省略壓麵過程，但需確實將麵糰內的氣泡擀出。如家庭沒有壓麵機，以書中的份量，可用擀麵棍反覆擀壓，儘量將麵糰內的氣泡擀出，也能得到理想效果。

　　擀麵時，如麵皮出現大的氣泡，可用大頭針搓破（圖13）。

整形

將麵糰壓出氣泡後，接著開始成形的工作，需注意以下重點：

🥢 分割

1. 分割前，可將麵糰搓成長條狀或擀捲成圓柱體，儘量粗細一致，才方便分割；製作饅頭製品時，最好將麵糰擀壓、摺疊，捲成圓柱體後再切割（**圖14**）。
2. 除了利用大刮板來分割麵糰外，也可直接用手揪成等量的小塊（切割饅頭麵糰時，則需用利刀）（**圖15**）。
3. 儘量等量分割，才不至於大小不一，而影響蒸熟的效果（**圖16**）。
4. 書中的麵糰份量與分割大小，都非常方便家庭製作，當然讀者可依個人的需求與喜好，增減份量或調整大小。

🥢 包餡

1. 包餡類麵食（例如：包子類）需控制包入麵皮內餡料的份量，應避免過多或過少。
2. 包餡時需掌握時間與速度，應避免拖延，才不會在最後發酵時，麵糰大小不一。

熟製

整形後的麵糰，無論饅頭、包子或其他種類的發酵麵食，都需經由發酵過程，才能進行熟製工作。

將麵糰放在防沾的蠟紙上（或蒸籠內的濕布上），直接放入蒸籠內，蓋上蒸籠蓋，進行最後發酵；發酵時間需控制得宜，過久與不足都會影響成品的品質，只要確認麵糰稍微膨脹（體積變大）即可。

發酵速度的快慢，除了受當時發酵環境溫度影響外，也會因為麵糰大小、酵母用量而有不同，所以書中的發酵時間均為參考值。

麵食製作的最後階段，須透過正確的熟製過程，才能呈現美味的麵食成品，因發酵麵食具有孔洞組織，因此不適合用「水煮」方式，以下的熟製方式均可：

🍜 蒸

以蒸的方式，利用高溫蒸氣，將麵糰由生變熟，是發酵麵食最主要的熟製方式，必須注意以下重點：

1. **從冷水蒸起**：麵糰發酵完成，即可開始蒸製，為避免溫差過大，麵糰瞬間受高溫蒸氣的接觸，可將發酵麵糰（例如：饅頭、包子、花捲類）從冷水開始蒸起，或將鍋中的水燒熱而**未達沸騰狀態**再放上蒸籠，經過加熱後，蒸籠邊緣開始冒煙，表示鍋中水分已沸騰（可將耐煮的小餐碟放入水中，當餐碟發出明顯的聲響時，表示水已沸騰），此時開始計時，依書中成品的大小，用中大火蒸約**10~15分鐘**左右。在蒸製過程中，最後會聞到一股麵香從蒸籠內散發出來，蒸熟後的麵食，用手輕壓外皮，呈現彈性觸感。

2. **成品出爐**：成品蒸熟後，為了避免熱漲冷縮的後果，起鍋時可採漸進式來掀蓋，熄火後，首先將蒸籠稍微掀開一小縫（**圖17**），待3～5分鐘後，再完全打開蒸籠，如此一來，可避免成品受到急遽的溫度變化，而有可能影響外觀。

🍜 烙

烙是將麵糰放在平底鍋內（或鐵板內），以小火加熱，慢慢讓生麵糰變熟的方式；烙的過程不加油、不加水，讓麵糰反覆接觸鍋子的金屬熱能，又稱「乾烙」；烙熟後的發酵麵食，表面呈黃褐色，外皮香脆、組織柔軟。

🍜 煎

煎是將麵糰放在平底鍋內，以適量的油或油水，讓麵糰受熱產生焦化上色作用，以煎的方式熟製麵食，具金黃色酥脆外皮，香氣十足；例如：水煎包。

🍜 烤

烤是將麵糰放入烤箱內，經高溫受熱後使生麵糰烤熟；烘烤前，烤箱必須先預熱，達到需要的烤溫時，才可將麵糰放入烤箱內。烘烤時必須適時觀察麵糰上色狀態，並隨機調整火溫。

麵糰發酵

製作發酵麵食，經常使用的酵母菌有**即溶酵母**、**新鮮酵母**以及自行培養的**老麵**等。

即溶酵母（instant dry yeast）

又稱「快速酵母」或是「速發酵母」，呈土黃色的細顆粒狀，可迅速溶化；能直接與其他材料混合攪拌使用，或先與水分輕輕攪勻後，再與其他材料拌合；使用即溶酵母的用量較省，且快速即能發酵完成，是最方便的一種酵母；未用完的即溶酵母須以密封冷藏保存。

新鮮酵母（fresh yeast）

新鮮酵母呈土黃色的固態狀，使用時取出需要的用量與水調勻，再與麵粉、其他材料混合攪拌；以新鮮酵母製成的麵食，較沒有發酵後的酸味；未用完的新鮮酵母，須以塑膠袋緊密包好放入冷藏室，保存時間約一個月，但要特別注意，不可沾染其他物質，以免加速腐敗失效；如以冷凍保存，最好事先將新鮮酵母分成小塊分別包裝，以方便取用；但新鮮酵母存放冷凍室後，發酵力會漸漸減弱，甚至失效，因此使用時最好多觀察麵糰發酵狀況，如有發酵力減弱現象，即可增量製作。

老麵

老麵中的「老」字，意指長時間，表示老麵是經長時間發酵、含大量酵母菌的麵糰；製作發酵麵食所用的老麵，其來源有兩種：

第一種：培養麵種製成老麵

是將麵粉、水以及酵母拌成麵糰，經發酵後當作麵種，再繼續加麵粉、水，經過約 24 小時的培養，即成「老麵」。用老麵代替酵母菌，不必使用任何商業酵母（例如即溶酵母、新鮮酵母），即能讓麵糰發酵製成麵食；在眾多北方麵食中，多以老麵作為發酵的引子，用此方式做的麵食，外型特別潔白，有股特殊的氣味，口感香 Q，耐嚼耐吃。例如：山東大饅頭、槓子頭、厚鍋餅等。

第二種：舊麵糰就是老麵

在製作麵食時，在材料中混入前次留下的舊麵糰，因舊麵糰中已有酵母菌，因此材料中的商業酵母就可減量，而添加的舊麵糰，經過較長時間發酵，即稱「老麵」；因此，每次製作酵麵食時，都可預留一小塊麵糰，留待下次製作時，混入新材料中一起搓成糰；以此方式製作的麵食，無論質地還是口感都比未加老麵的要好，做法請看 p.117。

培養麵種製成老麵 …… 值得等待的美味 （參見DVD示範）

從製作麵種開始到老麵完成，整個過程大約需要24小時。

製作麵種

	水	150 g（75％）
	新鮮酵母	3 g（1.5％）〔如改用即溶酵母，份量改成 1 克（1/4 小匙）〕
+	中筋麵粉	200 g（100％）
	麵種	353 g

1. 水、新鮮酵母放在容器內，先用橡皮刮刀攪勻（**圖 18**）。
2. 加入麵粉，用橡皮刮刀攪成麵糰狀，容器上蓋保鮮膜，放在室溫下（室溫約 28℃～30℃）發酵 4～5 小時（**圖 19**）。
3. 發酵後的麵種，充滿氣泡體積變大（**圖 20**）。

18  19  20

繼續培養

	麵種	350 g（100 ％）（353g，以 350g 計）
	水	150 g（43％）
+	中筋麵粉	200 g（57％）
	麵種	700 g

1. 將水倒入發酵後的麵種內（**圖21**）。
2. 水與麵種用橡皮刮刀攪拌（不需完全將麵種攪散）（**圖22**）。
3. 倒入麵粉（**圖23**）。
4. 用橡皮刮刀將麵粉攪拌成糰（或將手洗淨後用手），容器上蓋保鮮膜，放在室溫下發酵12～18小時（視發酵環境，發酵時間未必一定）（**圖24**）。
5. 發酵後的麵種，充滿氣泡，體積加倍變大。

21  22  23  24

老麵完成

	麵種	700 g（100％）
	水	300 g（43％）
＋	中筋麵粉	400 g（57％）
	老麵	1400 g

1. 將水倒入發酵後的麵種內，用橡皮刮刀攪拌（不需完全將麵種攪散），再加入麵粉攪拌成糰；容器上蓋保鮮膜，放在室溫下發酵5～6小時（視發酵環境，發酵時間未必一定），老麵即製作完成，可以開始取出老麵製作產品。
2. 取出需要的老麵份量，剩餘的則繼續循環培養。
3. 取用老麵時，需將剩餘量作記錄，以便循環培養時可算出添加麵粉、水等材料的份量。

循環培養

　　剩餘老麵可繼續循環培養（重複上面的動作），例如：從老麵 1400g 中 取出 1000g 使用，尚餘老麵 400g，繼續培養如下：

	剩餘老麵	400 g（100％）
	水	170 g（43％）
＋	中筋麵粉	230 g（57％）
	老麵	800 g

1. 將以上材料混合後，容器上蓋保鮮膜，放在室溫下發酵 12 ～ 16 小時後（視發酵環境，發酵時間未必一定），即是循環培養的老麵，可開始製作產品。
2. 取出需要的老麵份量後，將剩餘的老麵繼續培養，即重複「循環培養」動作，添加水（43％）、麵粉（57％）。
3. 長時間循環發酵的老麵，會出現雜菌、麵糰過酸現象，內部組織孔洞變大，通常會加鹼粉來中和麵糰的酸，但也可用小蘇打粉取代。勿在高溫環境下（32℃以上）進行老麵的發酵，同時控制好發酵時間，通常不會產生酸味，也就可省略添加鹼粉（或小蘇打粉）的不便。

老麵保存

　　未用完的老麵，可冷藏2天或冷凍1星期，要取出再使用時，需將老麵放在室溫下回溫變軟，接著再加入水（43％）、新鮮酵母（0.75％，原來的一半）、中筋麵粉（57％），再繼續發酵約6～8小時，即可開始製作產品；不過為保持老麵的活力，老麵勿存放過久，最好儘快使用完畢為佳。

舊麵糰就是老麵……留一小塊，讓美味升級

為了提升發酵麵食的風味，盡可能在麵糰內添加一點舊麵糰（老麵）；製作過程與一般無異，只是多了「留麵糰」的動作，以下說明都適用於本書中發酵麵食的各項產品（饅頭、包子、花捲等）。

舉例說明：

■材料

1. 水　260 克
2. 即溶酵母　5 克（1 小匙＋ 1/4 小匙）
3. 中筋麵粉　500 克
4. 細砂糖　25 克

■做法

1. 將所有材料搓揉成糰，共約 790 克的麵糰，取出 100 克當**老麵**，其餘的製作饅頭（製程如 **p.122** 白饅頭）。
2. 取出的 100 克麵糰放入容器內，在容器上蓋上保鮮膜，放在室溫下發酵約 8 〜 12 小時，即成老麵，留在下次製作饅頭時使用。

有了老麵後，製作饅頭的用料就變成如下：

1. 水　260 克
2. 即溶酵母　2 克（1/2 小匙）
3. 中筋麵粉　500 克
4. 細砂糖　25 克
5. 老麵　100 克

■做法

1. 將所有材料（共 5 項）混合搓揉成糰，共約 887 克的麵糰，取出 100 克當老麵，其餘的 787 克麵糰製作饅頭（製程如 **p.122** 白饅頭）。
2. 取出的 100 克麵糰放入容器內，在容器上蓋上保鮮膜，放在室溫下發酵約 8 〜 12 小時，即成老麵，留在下次製作饅頭時使用。

＊麵糰內加了100克的老麵（麵粉的20％），則將酵母減量使用（原來添加5克）。

＊用此法的循環老麵製作饅頭（或其他發酵麵食），未加油脂，成品更加潔白。

＊如果天天（或經常）做饅頭（或其他發酵麵食），最好都留一小塊麵糰當老麵。至於該留多少，則與材料中的麵粉比例有關，通常放老麵的比例是麵粉的15〜20％，添加多寡可依當時環境溫度決定，溫度高放得少，溫度低放得多。

＊用老麵做饅頭（或其他發酵麵食），最後發酵的時間要比全放即溶酵母的方式要久。

＊與全使用商業酵母的發酵過程相同，都需要觀察麵糰的發酵狀態，來決定熟製時機。

＊如短時間內不用老麵，需將尚未發酵的老麵，用保鮮膜蓋好，放在冷藏室保存，時間約1〜2天，要再使用時，必須取出放在室溫下，回溫至發酵狀即可使用；若老麵無法發酵，就不可勉強使用。

饅頭類

口感絕佳的手工饅頭

饅頭對多數人而言，是接受度極高的食物，當正餐來吃，肯定具備有飽足感、經濟又實惠的特點，讓這項平民化的麵食廣受歡迎；相較過去，現在出現的饅頭絕非只是單純的白饅頭或傳統口味而已，在不斷求新求變的新意下，不只造型多變，用料也變得更加豐富，舉凡各式堅果、乾果、五穀雜糧都能與饅頭結合，另外也在饅頭的色彩上大做文章；總之，演變至今的饅頭世界，可以讓消費者有更多的選擇與品嚐樂趣。

饅頭在發酵麵食中，算是最基本的產品，由此延伸，可做成造型多變的花捲、包餡的包子以及各式烙餅。換句話說，以饅頭的材料，即能演變不同的發酵麵食，從饅頭開始，當作基本功夫，在揉麵與壓麵的不同動作中，漸漸體會發酵麵糰的特性。

手工饅頭製作

這年頭似乎只要冠上「手工」二字，就顯得珍貴無比，但市售標榜的手工饅頭製品，其實多半靠著機器攪拌、分割甚至成形，因此外型與大小完全規格化；但真正所謂的「手工」，卻只有家庭 DIY 才辦得到，以書中份量，只要掌握正確方式，靠著雙手揉麵、製作，是很容易完成的。

自製手工饅頭，或許因個人熟練度的不同，有可能出現成品的某些瑕疵，然而卻能自行掌握用料品質，屏除人工色素、香料、添加劑，應用天然的食材特性，在家做出真實色彩與味道的手工饅頭。

由於是蒸製麵食，饅頭內的水分用量跟麵包相比，確實少很多，依最佳的口感軟硬度，水量可控制在麵粉的 52％左右，水量多寡影響麵糰與成品的軟硬度，因此你可依著自己的口感偏好做適度調整，未必要照著書上的水分比例製作。

製作饅頭的流程

製作饅頭大致可分為下列四個步驟，完整製作細節請看 p.122 白饅頭做法。

揉麵 → 擀麵 → 整形 → 熟製

揉 麵

1. 麵糰的形成方式與揉麵請看 p.109 及 p.110 麵糰形成的一次攪拌法、二次攪拌法。
2. 儘量將麵糰揉成**光滑狀**，會縮短壓麵（擀麵）時間（請看 p.108 理想的麵糰）。
3. 請看 p.108 手工揉麵或機器攪拌麵糰。
4. 麵糰揉製完成後，將麵糰放在室溫下，鬆弛約 **5 分鐘**即可開始操作。

擀 麵

製作饅頭時，如利用壓麵機將麵糰延壓成光滑狀，成品外觀即會呈現細緻表皮，內部具有均勻細小的孔洞組織；如家中沒有壓麵機，則需將鬆弛後的麵糰，利用擀麵棍反覆擀壓，儘量將麵糰內的氣泡擀出，否則氣泡過多過大時，有時會造成成品蒸製完成後，出現皺皮現象。

擀麵時，如麵皮出現大的氣泡，可用大頭針搓破（圖1）。

為何要三摺？

麵糰擀壓成長方形薄麵皮後，並以三摺方式黏合再擀開、擀平，是為了讓麵糰確實壓平呈細緻狀，如以刀切法製作饅頭時，最好將麵糰三摺後再捲成圓柱體，成品較不會出現氣泡；如為了省事，也可省略上述動作，但需將麵糰內的氣泡確實擀出。

為何要擀成長方形麵糰？

將麵糰擀成長方形的方式，是將擀麵棍向麵糰的四個角擀開（圖2），並同時配合兩端的擀開動作，力道要平均，厚薄須一致；長方形麵糰是基本的擀麵動作，可用於各種麵食整形前的準備，例如：

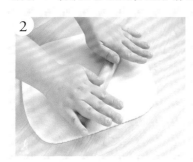

1. 長方形麵糰可捲成圓柱體。
2. 在長方形麵糰上鋪餡料。
3. 可將長方形麵糰三摺，反覆擀麵動作。
4. 長方形麵糰利於切割出工整的片狀或條狀。

饅頭製作時的擀麵、三摺，請看 p.122 白饅頭做法 8～15。

整形

饅頭的整形，通常有兩種製作方式，分別如下：

🍚 刀切法　◎（參見 DVD 示範）

1. 需將麵糰整成圓柱體，再用利刀切割成等量的小麵糰（或用鋸齒刀切割）。

2. 麵皮捲成圓柱體前，必須將多餘的麵粉刷掉，並在麵皮上刷上少量的水，可幫助麵糰緊密黏合。

3. 麵皮捲成圓柱體時，需儘量捲緊、搓勻，切割後的麵皮才不會分離。

4. 麵皮捲成圓柱體時，未刷水黏合，或捲得不夠緊密，麵皮呈分離狀，則成品會出現明顯的圈狀層次（圖 3）。

刀切法製作的饅頭，如 p.122 白饅頭。

🍚 手搓法　◎（參見 DVD 示範）

1. 麵糰搓成長條狀，再用大刮板分割成數等分（或用手揪成數等分），再將每個小麵糰搓揉至光滑狀（依書中的份量與分割大小，成品約有 8～10 個，當然你可依個人的需求與喜好，調整大小與個數）。

2. 將光滑狀的小麵糰整成一頭圓一頭尖的圓錐體後，放在工作檯上用雙手不停搓揉，直至呈光滑狀的表皮（圖4左），則成品的表皮既光滑又細緻。若麵糰內有氣泡，也要將氣泡壓出，麵糰內的大氣泡未壓出，成品表皮即會出現凹陷（圖5）。手搓法製作的饅頭，如 p.126 山東大饅頭。

熟 製

最後發酵

　　整形完成後，需放在防沾的蠟紙上（或蒸籠內的濕布上），直接放入蒸籠內，蓋上蒸籠蓋，進行最後發酵。視當時的環境溫度與麵糰的發酵狀態，通常在 15～25 分鐘即可入爐蒸製；發酵時間需控制得宜，過久與不足都會影響饅頭品質，只要確認麵糰稍微膨脹（體積變大）即可。

發酵前切割面呈平面狀

發酵後切割面呈微凸狀

蒸熟

1. 從冷水開始蒸起，或將鍋中的水燒熱而未達沸騰狀態再放上蒸籠。
2. 蒸籠邊緣開始冒煙，表示鍋中的水已沸騰（可將耐煮的小餐碟放入水中，當餐碟發出明顯的聲響時，表示水已沸騰），即開始計時。
3. 依麵糰大小決定蒸製時間，麵糰大小與蒸製時間成正比，如 p.138 南瓜小饅頭個頭很小，蒸製時間較短。如照書中成品大小，以中大火蒸約 15 分鐘即可，若從冷水開火開始計時，全程約需 20 分鐘。

4. 熄火後先將蒸籠稍微掀開一小縫（**右圖**），待 3 ～5 分鐘後，再完全打開蒸籠，如此一來，可避免成品受到急遽的溫度變化，而有可能影響外觀。

白饅頭

（參見DVD示範）

這是饅頭中的基本款，以最基本的食材、最短的時間即能完成，因此特別適合新手製作，一旦掌握揉麵、擀麵、成形的技巧時，再將饅頭做不同變化；所謂「白饅頭」，意指原味，因此也適合當正餐食用，尤其溫熱時，特別的軟綿、細緻，或是夾著荷包蛋或配著肉鬆吃，也算是簡單的家常美味。

份量：8 個

材料（一次攪拌法）

1. 水　260 克
2. 即溶酵母　5克（1小匙＋1/4小匙）
3. 中筋麵粉　500克
4. 細砂糖　25克
5. 沙拉油　5克

＊做法 1 的酵母粉不需完全溶化，即可與其他材料混合搓揉。

＊擀麵時的長度、寬度以及捲成圓柱體時的長度，都是僅供參考，讀者可依擀麵的方便性來製作。

＊麵糰整形成圓柱體的長度越長、越細時，分割的麵糰數量也就越多，外型也越小，因此可隨個人意願製作。

＊欲將麵糰內放老麵，請看p.117「舊麵糰就是老麵」。

做法

1. 先將水、即溶酵母混合（圖1）。
2. 再將所有材料混合，先用橡皮刮刀拌合材料（圖2）。
3. 用橡皮刮刀將所有材料攪勻至水分消失（圖3）。
4. 用手在鋼盆中搓揉麵糰（圖4）。
5. 繼續搓揉後，鬆散狀麵糰即成完整的麵糰（圖5）。
6. 將麵糰移至工作檯上，繼續用雙手搓揉成光滑狀（圖6）。
7. 將麵糰放在室溫下鬆弛 5 分鐘，即可開始整形（圖7）。
8. 將麵糰擀成長方形，同時儘量壓出麵糰內的氣泡（圖8）。
9. 麵糰擀成長約 70 公分、寬約 15 公分的薄麵糰，再以三摺方式黏合（圖9）。
10. 麵糰三摺後呈長方形（圖10）。
11. 再將長方形麵糰均勻地向四周擀開、擀平，使得麵糰之間緊密黏合，最後成為長約 45 公分、寬約 25 公分的長方形（圖11）。
12. 將麵糰表面多餘的粉刷掉，再均勻地刷上清水（圖12）。
13. 長方形麵糰的一邊，需用擀麵棍擀薄，以利捲完後的麵糰容易黏合（圖13）。
14. 由麵糰的邊緣開始緊密地捲起（圖14）。
15. 捲成圓柱體後，再從麵糰中心部位向兩邊輕輕搓揉數下，好讓麵糰粗細均等，麵糰搓成長約50公分圓柱體（圖15）。
16. 將麵糰切成8等分，放在防沾蠟紙上（圖16）。
17. 麵糰直接放入蒸籠內，蓋上蒸籠蓋，進行最後發酵約20分鐘（圖17）。
18. 麵糰發酵後，外形變大（圖18）。
19. 鍋中放入冷水，將蒸籠放在鍋上，熱水沸騰後算起，以中大火蒸約15分鐘（從冷水蒸起，全程約需20分鐘）。

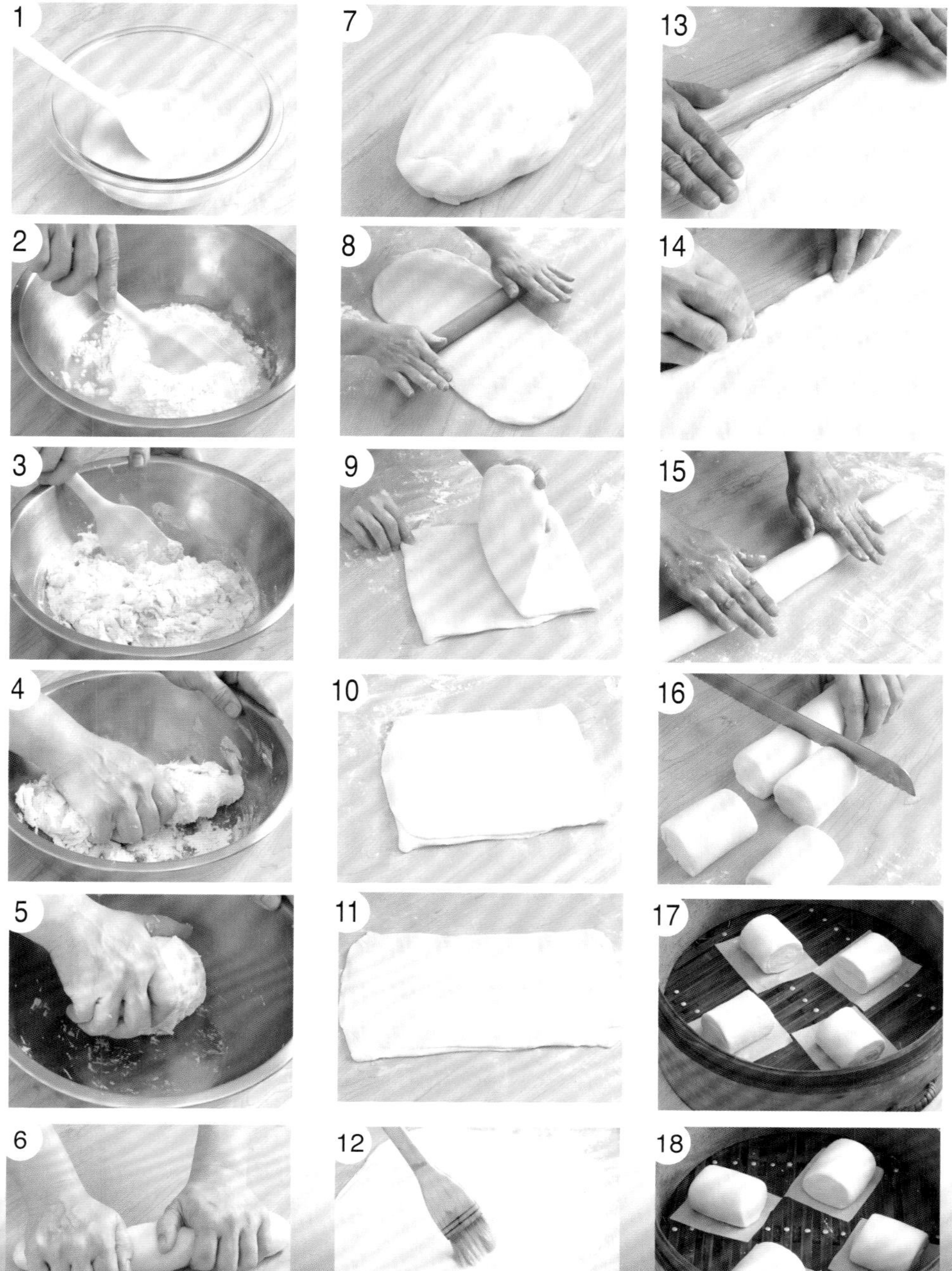

1

2

3

4

5

6

7

8

9

10

11

12

13

14

15

16

17

18

材料（一次攪拌法）

1. 水　260克
2. 即溶酵母　6克（1小匙＋1/2小匙）
3. 中筋麵粉　350克
4. 全麥麵粉　150克
5. 細砂糖　40克
6. 沙拉油　10克
7. 小麥胚芽　10克

＊捲麵糰前，如果麵糰上沾有多餘的麵粉，必須用刷子清除，才不會影響麵糰黏合效果。

＊材料混合後的揉麵方式，如 p.122 的白饅頭。

＊小麥胚芽（Wheat Germ）呈咖啡色細屑狀，除可直接調在牛奶中當作飲品外，還適合添加在麵包、饅頭中製作，在一般超市即有販售；未用完時最好以冷藏方式保存。

做法

1. 先將水、即溶酵母混合。

將酵母、水混合後，再與中筋麵粉、全麥麵粉、細砂糖以及沙拉油混合，搓揉成光滑狀麵糰後，接著加入胚芽。

麵糰擀成長約70公分、寬約15公分的薄麵糰，再以三摺方式黏合。

將麵糰切成8等分，放在防沾蠟紙上。

將**胚芽**均勻地揉入麵糰中，麵糰放在室溫下鬆弛約5分鐘，即可開始整形。

再將麵糰均勻地向四周擀開、擀平，使得麵糰之間緊密黏合。

麵糰直接放入蒸籠內，蓋上蒸籠蓋，進行最後發酵約20分鐘。

將麵糰擀成長方形，同時儘量壓出麵糰內的氣泡。

麵糰捲成圓柱體後，再從麵糰中心部位向兩邊輕輕搓數下，好讓麵糰粗細均等，麵糰搓成長約50公分的圓柱體。

麵糰發酵後，外形變大。

11. 鍋中放入冷水，將蒸籠放在鍋上，熱水沸騰後算起，以中大火蒸約 15 分鐘（從冷水蒸起，全程約需 20 分鐘）。

全麥胚芽饅頭

在原味白饅頭中，將用料稍做改變，

一點全麥麵粉、少許的胚芽，就出現全然不同的成品風貌，

不只色澤加深，也多了咀嚼感；

依此作法，讀者可依照個人喜好，

做不同食材的替換變化。

山東大饅頭

（參見DVD示範）

饅頭冠上「山東」兩個字，意味著含有特殊性的意義。
以麵食為主的山東人，吃饅頭就如南方人吃米飯一樣平常；
饅頭之於山東，似乎有著密不可分的關係，因此提到饅頭，
少不了的就是「山東大饅頭」，個頭大、富嚼勁，
道地的做法需要以老麵製作，不含糖、不加油，紮實的組織中，
散發天然的甜味與麵香，有興趣的話，培養一鍋老麵，
試試自己做山東大饅頭，很有成就感。

份量：8個

材料（一次攪拌法、老麵發酵）

1. 老麵　500克
2. 中筋麵粉　500克
3. 水　125克

做法

1. 老麵（參見 p.115 培養麵種製成老麵）與麵粉先放入容器中，再將水倒入（圖1）。

2. 用雙手搓揉成光滑狀麵糰，將麵糰放在室溫下鬆弛約 5 分鐘，即可開始整形（圖2）。

3. 將麵糰搓成長條狀（圖3）。

4. 用刀切成 8 等分（圖4）。

5. 或用手直接揪成 8 等分麵糰（圖5）。

6. 先用手將麵糰的光滑面壓出（圖6）。

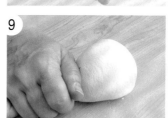

7. 麵糰的光滑面朝下，用手將麵糰向內捲，並壓出空氣（圖7）。

8. 接著將麵糰光滑面握在手上，同時將麵糰聚合黏緊，呈光滑的圓球狀（圖8）。

9. 再將圓球狀麵糰放在工作檯上，用手搓揉圓球狀麵糰底部即成圓錐體（圖9）。

10. 將圓錐體麵糰豎立在工作檯上，用雙手來回不停搓揉，直到麵糰緊實光滑（圖10）。

11. 整形後的麵糰成高聳的圓形（圖11）。

12. 將麵糰放在防沾蠟紙上，直接放入蒸籠內，蓋上蒸籠蓋，進行最後發酵約 25～30 分鐘（圖12）。

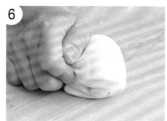

13. 鍋中放入冷水，將蒸籠放在鍋上，熱水沸騰後算起，以中大火蒸約 18 分鐘（從冷水蒸起，全程約需 23 分鐘）。

＊山東饅頭含水量極低，麵糰的延展性不佳，因此在搓揉分割後的小麵糰時，需注意：
　　1. 用手邊捲邊壓麵糰，儘量壓出空氣。
　　2. 並非一般的揉麵方式，手的動作以**捲、壓**為主。
　　3. 麵糰呈現光滑狀即可，勿過度搓揉。
　　4. 用雙手搓揉麵糰，呈高聳狀，蒸熟後的成品較挺立。
　＊材料混合後的揉麵方式，如 p.122 白饅頭做法1～6。
　＊山東饅頭較紮實，因此較一般同樣份量的饅頭，蒸製時間略長。

黑芝麻饅頭 之一

黑芝麻的香氣與營養價值，絕對是備受肯定的，
無論粉末狀還是顆粒狀，由於分子細小，
兩者都非常適合做饅頭，但效果卻不同；
分別將黑芝麻粉、黑芝麻粒揉進麵糰裡，
如要讓香氣更加濃郁，還可將黑芝麻粉當做夾心，
捲在裡層，如此一來，更讓美味加分。

份量：8 個

材料（一次攪拌法）
1. 水　260克
2. 即溶酵母　5克（1小匙＋1/4小匙）
3. 中筋麵粉　500克
4. 細砂糖　60克
5. 沙拉油　5克
6. 熟的黑芝麻粒　25克

內餡
1. 黑芝麻粉　25克
2. 糖粉　15克

＊材料混合後的揉麵、擀麵以及捲麵糰、分割麵糰等方式，如 p.122 的白饅頭。
＊做法 8 捲成圓柱體時，因麵糰內鋪有餡料較不易黏合，所以需以邊拉麵糰邊捲的方式進行。

做法

1. 先將水、即溶酵母混合，再與中筋麵粉、細砂糖以及沙拉油混合，搓揉成光滑狀麵糰，接著加入黑芝麻粒（**圖1**）。

2. 將黑芝麻粒均勻地揉入麵糰中，麵糰放在室溫下鬆弛約 5 分鐘，即可開始整形（**圖2**）。

3. 麵糰在鬆弛的同時，先將內餡材料**黑芝麻粉**、**糖粉**混合均勻備用（**圖3**）。

4. 麵糰擀成長約45公分、寬約20公分的長方形（**圖4**）。

5. 將麵糰表面多餘的粉刷掉，再均勻地刷上清水（**圖5**）。

6. 將內餡均勻地倒在麵皮上（**圖6**）。

7. 用手輕壓內餡，儘量與麵糰黏合（**圖7**）。

8. 將麵糰捲成圓柱體後，再從麵糰中心部位向兩邊輕輕搓數下，好讓麵糰粗細均等，麵糰搓成長約50公分圓柱體（**圖8**）。

9. 將麵糰切成 8 等分，放在防沾蠟紙上。

10. 將麵糰直接放入蒸籠內，蓋上蒸籠蓋，進行最後發酵約 20 分鐘。

11. 鍋中放入冷水，將蒸籠放在鍋上，熱水沸騰後算起，以中大火蒸約 15 分鐘（從冷水蒸起，全程約需 20 分鐘）。

黑芝麻饅頭 之二

細緻的黑芝麻粉，非常適合與麵粉結合成糰，可輕易將原味饅頭改頭換面，
另外將材料中的糖分刻意增加後，更能突顯黑芝麻饅頭的溫潤口感與香甜滋味；
以二次攪拌方式製作，可將酵母減量讓麵糰慢慢發酵，最後的成品依然鬆軟並富於彈性，
當然也可本著「老辦法」，
將酵母用量恢復5克，直接將所有材料一次搓揉完成做饅頭；
有興趣的話，以不同的製作方式，
比較一下兩者的口感與質地究竟有何不同。

份量：8個

材料（二次攪拌法）

A {
1. 水　260克
2. 即溶酵母　3克（1/2小匙＋1/4小匙）
3. 中筋麵粉　350克
}

B {
1. 中筋麵粉　150克
2. 細砂糖　70克
3. 沙拉油　5克
4. 黑芝麻粉　35克
}

做法

1. 材料 A 的水、即溶酵母混合後，再加入麵粉拌成均勻的麵糊狀，蓋上保鮮膜放在室溫下發酵約 1 小時（圖1）。

2. 材料 A 發酵完成後，與材料 B 的麵粉、細砂糖以及沙拉油混合（圖2）。

3. 將所有材料搓揉成光滑狀麵糰，接著加入黑芝麻粉（圖3）。

4. 將黑芝麻粉均勻地揉入麵糰中，麵糰放在室溫下鬆弛約 5 分鐘，即可開始整形（圖4）。

5. 將麵糰搓成長條狀，再分割成 8 等分，將麵糰整成圓形（整形方式如 p.127 山東大饅頭的做法 6～11）。

6. 整形好的麵糰放在防沾蠟紙上，直接放入蒸籠內，蓋上蒸籠蓋，進行最後發酵約 20 分鐘。

7. 鍋中放入冷水，將蒸籠放在鍋上，熱水沸騰後算起，以中大火蒸約 15 分鐘（從冷水蒸起，全程約需 20 分鐘）。

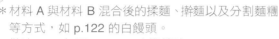

＊材料 A 與材料 B 混合後的揉麵、擀麵以及分割麵糰等方式，如 p.122 的白饅頭。

＊做法1～2 如同 p.110 二次攪拌法。

份量：20 個

材料（一次攪拌法）

1. 黑糖　85克（過篩後）
2. 水　260克
3. 即溶酵母　5克（1小匙＋1/4小匙）
4. 中筋麵粉　500克
5. 沙拉油　15克

做法

1

黑糖加水攪勻，待溶化備用。

2

黑糖水與即溶酵母、麵粉、沙拉油混合。

3

將所有材料搓揉成光滑狀麵糰，將麵糰放在室溫下鬆弛約5分鐘，即可開始整形。

4
麵糰整形成長約 90 公分的圓柱體，再切成 20 小塊。

5. 將麵糰放在防沾蠟紙上，直接放入蒸籠內，蓋上蒸籠蓋，進行最後發酵約 15 分鐘。

6. 鍋中放入冷水，將蒸籠放在鍋上，熱水沸騰後算起，以中大火蒸約 10 分鐘（從冷水蒸起，全程約需15分鐘）。

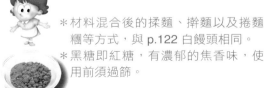
＊材料混合後的揉麵、擀麵以及捲麵糰等方式，與 p.122 白饅頭相同。
＊黑糖即紅糖，有濃郁的焦香味，使用前須過篩。

黑糖饅頭

為了要突顯是黑糖口味的饅頭，黑糖用量明顯比一般饅頭的糖量多，

但充其量，最後的成品卻只是出現淡淡的咖啡色而已，

並非想像中的「黑糖色」，甚至味道也不明顯；

因為事實上，黑糖的味道再濃郁，也會被其他材料所稀釋，

色澤當然也不會保持原來的黑糖色，這才是正常現象。

芋頭鮮奶饅頭

芋頭的香氣與鬆軟的口感，是很多人熱愛的滋味，
沒想到用來做饅頭，也極為適合，饅頭中摻著芋頭絲，
經過加熱後，更顯出融為一體的綿細與香甜。
這是一個甜點式的饅頭，糖量增多才能讓芋頭的美味散發，
另外更以鮮奶提升美味與營養。

份量：8 個

材料（一次攪拌法）

1. 芋頭　200克（去皮後）
2. 鮮奶　260克
3. 即溶酵母　5克（1小匙＋1/4小匙）
4. 中筋麵粉　500克
5. 細砂糖　60克
6. 沙拉油　5克

做法

芋頭去皮後切成 1～2 公分的小段備用。

2. 先將鮮奶、即溶酵母混合,再將所有材料混合,搓揉成光滑狀麵糰。

3. 麵糰放在室溫下鬆弛約 5 分鐘,即可開始整形。

麵糰擀成長約 36 公分、寬約 26 公分的長方形。

將麵糰表面多餘的粉刷掉,再均勻地刷上清水。

將芋頭均勻地鋪在麵皮上,用手輕壓,儘量與麵糰黏合。

由麵糰的邊緣開始緊密地捲起,麵糰的另一邊需用擀麵棍擀薄,以利捲完後的麵糰能夠黏合。

8. 捲成圓柱體後,再從麵糰中心部位向兩邊輕輕搓揉數下,好讓麵糰粗細均等,麵糰搓成長約 50 公分圓柱體。

將麵糰切成 8 等分,放在防沾蠟紙上。

將麵糰直接放入蒸籠內,蓋上蒸籠蓋,進行最後發酵約 25 分鐘。

麵糰發酵後,鍋中放入冷水,將蒸籠放在鍋上,熱水沸騰後算起,以中大火蒸約 15 分鐘(從冷水蒸起,全程約需 20 分鐘)。

*做法 2 的揉麵過程,如 p.122 白饅頭的做法 1～6。

*芋頭勿切太大,以免不易蒸熟、蒸軟;也可切成小段後,先蒸至七、八分熟,再包入麵糰中。

*芋頭可改成地瓜,製作方式相同。

雙色饅頭

　　將饅頭製成雙色效果，增添視覺上的新奇感與製作時的樂趣，舉凡可以讓白麵糰「上色」的食材，都可以應用在雙色饅頭中，除了可可粉、抹茶粉、咖啡粉、墨魚粉外，另外蔬果類的菠菜、紅蘿蔔、火龍果、甜菜根等，也都非常適合。將有顏色的麵糰與白色麵糰捲在一起，即會產生圈狀的層次色彩，如果有興趣，當然也可做出更多色的麵糰，形成多采多姿的饅頭；總之，這就是家庭 DIY 的重點，排除人工色素，而讓自製饅頭增色添味，做出天然健康的美味饅頭。

份量：8 個

材料（一次攪拌法）

1. 水　260克
2. 即溶酵母　5克（1小匙＋1/4小匙）
3. 中筋麵粉　500克
4. 細砂糖　30克
5. 沙拉油　15克
6. 無糖可可粉　2小匙＋1/2小匙
（或抹茶粉　1小匙＋1/4小匙）

做法

1. 先將水、即溶酵母混合。
2. 除了無糖可可粉外，將所有材料混合，搓揉成光滑狀麵糰。
3. 將麵糰分割成一大一小兩份麵糰（約470 克及 330 克），較大的麵糰當成白麵糰（原色），較小的麵糰需另加可可粉。

4

將白麵糰放在室溫下鬆弛，將較小的麵糰，加入無糖可可粉。

5

將無糖可可粉均勻地揉入麵糰中成為**可可麵糰**。

6. 將白麵糰擀成長約 35 公分、寬約 20 公分的長方形,將可可麵糰擀成比白麵糰窄一點的長方形。

7

將白麵糰表面多餘的粉刷掉,再均勻地刷上清水,接著將可可麵糰蓋在白麵糰之上。

8

兩種麵糰黏合後,可用手輕壓表面,使麵糰的厚度一致。

9

將可可麵糰表面多餘的粉刷掉,再均勻地刷上清水。由麵糰的邊緣開始緊密地捲起,麵糰的另一邊需用擀麵棍擀薄,以利黏合,慢慢捲成圓柱體。

10

捲成圓柱體後,再從麵糰中心部位向兩邊輕搓數下,好讓麵糰粗細均等,麵糰搓成長約 50 公分圓柱體。

11

將麵糰切成 8 等分,放在防沾蠟紙上,頭尾切割下來的不整齊麵糰,可搓揉成大理石造型。

＊做法 2 的揉麵過程,如 p.122 白饅頭的做法1～ 6。捲麵糰的方式,如 p.122 白饅頭的做法 8～ 14。

＊圓柱體麵糰在切割時,也可將切割面朝上呈現不同的成品造型。

＊如將大麵糰製成可可麵糰,則白色麵糰捲在可可麵糰內,即成不同雙色效果,但須將可可粉份量增加1 小匙。

＊製作雙色饅頭時,擀麵整形的速度要掌握好,才不會造成兩種麵糰不同的發酵程度。

12. 將麵糰直接放入蒸籠內,蓋上蒸籠蓋,進行最後發酵約 20 分鐘。

13. 麵糰發酵後,鍋中放入冷水,將蒸籠放在鍋上,熱水沸騰後算起,以中大火蒸約 15 分鐘(從冷水蒸起,全程約需 20 分鐘)。

份量：40個

材料（一次攪拌法）

1. 南瓜　60克（去皮後）
2. 水　90克
3. 即溶酵母　3克（1/2小匙＋1/4小匙）
4. 中筋麵粉　250克
5. 細砂糖　25克
6. 沙拉油　10克

做法

1

南瓜去皮、切成小塊再蒸熟，趁熱用叉子壓成泥狀備用。

4

將麵糰表面多餘的粉刷掉，再均勻地刷上清水。

6

麵糰放在防沾蠟紙上，將麵糰直接放入蒸籠內，蓋上蒸籠蓋，進行最後發酵約15分鐘。

2

先將水、即溶酵母混合，再分別加入南瓜泥、中筋麵粉、細砂糖以及沙拉油，搓揉成光滑狀麵糰，將麵糰放在室溫下鬆弛約5分鐘，即可開始整形。

5

將麵糰捲成圓柱體後，再從麵糰中心部位向兩邊輕輕搓數下，好讓麵糰粗細均等，麵糰搓成長約85公分圓柱體，將麵糰切40等份。

7. 麵糰發酵後，鍋中放入冷水，將蒸籠放在鍋上，熱水沸騰後算起，以中大火蒸約10分鐘（從冷水蒸起，全程約需15分鐘）。

3

將麵糰擀成長約30公分、寬約20公分的長方形。

＊材料混合後的揉麵、擀麵以及捲麵糰等方式，如p.122白饅頭的做法1～14。
＊材料中的南瓜泥可改成地瓜泥，分量相同，但水分需增加5克。

南瓜小饅頭

將饅頭做得很迷你,是需要花時間來耐心地整形、切割,
不過最後的成品造型卻很有趣,看到的人無不發出驚喜聲。
利用南瓜天然的色澤,輕而易舉地讓小饅頭變得很出色,
還有最大的優點,即是藉由南瓜中的酵素成分,
有助於饅頭的柔軟度與綿細口感。

刈包

刈包的麵糰與饅頭的材料一樣，口感也幾乎相同，

因此將刈包歸在饅頭類。刈包又稱割包，台語亦稱作「虎咬豬」，

本省習俗中，尾牙吃刈包，象徵吉利、祈求財富。

最經典的吃法，一定要夾上焢肉、酸菜、香菜以及花生粉；

軟綿的外皮、鹹香十足的配料，

老少咸宜的滋味，堪稱「台式漢堡」，因此不限於尾牙時食用，

甚至坊間也出現刈包專賣店，是頗受歡迎的麵食。

份量： 10 個

材料（二次攪拌法）

A
{
1. 水　160克
2. 即溶酵母　2克（1/2小匙）
3. 中筋麵粉　180克
}

B
{
1. 中筋麵粉　120克
2. 細砂糖　25克
3. 沙拉油　10克
}

C　沙拉油　1大匙（刷麵糰用）

* 做法 3 的材料 A 與材料 B 混合後的揉麵方式，如 p.122 白饅頭的做法1～6。

* 壓圓片狀的圓模，可利用各種不同的圓形金屬容器或杯子，直徑約 10～12 公分均可。

做法

1. 材料 A 的水與即溶酵母、麵粉混合（圖1）。
2. 用橡皮刮刀拌成均勻的麵糊狀，蓋上保鮮膜，放在室溫下發酵約 1 小時（圖2）。
3. 材料 A 發酵完成後，與材料 B 的麵粉、細砂糖以及沙拉油混合（圖3）。
4. 將所有材料搓揉成光滑狀麵糰，將麵糰放在室溫下鬆弛約 5 分鐘，即可開始整形（圖4）。
5. 將麵糰擀成厚約 0.8 公分的片狀，用直徑約 10 公分的圓模壓出圓片麵糰（圖5）。
6. 將圓片麵糰擀成橢圓型（圖6）。
7. 在橢圓形麵糰表面均勻地刷上沙拉油（圖7）。
8. 再將麵糰對摺成半圓形（圖8）。
9. 麵糰放在防沾蠟紙上，放入蒸籠內，蓋上蒸籠蓋，進行最後發酵約 25 分鐘。
10. 麵糰發酵後，鍋中放入冷水，將蒸籠放在鍋上，熱水沸騰後算起，以中大火蒸約 12 分鐘（從冷水蒸起，全程約需 17 分鐘）。

「花捲、銀絲捲」類麵食，可看成是饅頭的變身版，在用料相同下，卻因造型的改變，而有全然不同的品嚐風味；所謂的「捲」，具有花式饅頭的意義，將麵糰擀成麵皮，再將麵皮切粗條，接著拉長、拉細，然後在細條上刷油，最後的造型，可捲、可包、可繞，只要能成形就好。

或在麵皮上放餡料，利用切割、摺疊、扭轉、拉長、盤捲等手法，做成各種花式造型，因此可廣泛運用各種食材、設計不同造型，做出別有一番風味的花捲。

花捲、銀絲捲製作

比饅頭多了幾道工序，多花一點點時間，即可將平凡無奇的麵糰賦予視覺、味覺的新風貌；掌握好時間，也了解發酵麵的特性，其實製作過程充滿玩麵糰的樂趣，只要付出耐心，就能「捲」出很多美味。

製作花捲、銀絲捲等麵食，為方便各種整形動作，麵糰需有適當的軟度，水分含量與包子相同，約為麵粉的 52％～54％，同時也可將糖量稍為增加，蒸熟後的成品與油脂、鹹味或餡香融為一體，散發多層次的麵香滋味。

製作花捲、銀絲捲的流程

有了做饅頭的基本功夫後，對於花捲、銀絲捲的製作，只是多了應用與變化，全部流程可與饅頭比擬，兩者製作的條件與要求也近似。

揉麵 → 整形 → 蒸熟

揉麵

1. 揉麵請看 p.109 麵糰形成的一次攪拌法、二次攪拌法。
2. 盡量將麵糰揉成**光滑狀**，有利於成品的細緻度。
3. 請看 p.108 手工揉麵或 p.109 機器攪拌。
4. 麵糰揉製完成後，將麵糰放在室溫下，鬆弛約 **5 分鐘**即可開始操作。

花捲、銀絲捲類

變身後的美味

擀麵的重要

原則上比照做饅頭的方式,將揉製完成的麵糰,透過壓麵機的延壓效果,使成品細緻美觀;但花捲類的成型,多將麵糰切割成條、成片,再加上其他配合動作,較能避免大氣泡的產生,因此可省略壓麵動作,但還是要注意手工擀麵時麵糰的平整與細緻度。

整 形

各種花式造型,必須掌握以下基本原則:

1. 揉好的麵糰經過鬆弛,即可開始擀麵,大多擀成工整的長方形,以方便切割(說明如 p.119 為何要擀成長方形麵糰?)
2. 麵糰在摺疊前,必須將多餘的麵粉刷掉,再刷上沙拉油。
3. 麵糰在每次摺疊時,都要刷油以防止沾黏。
4. 切割麵條時,也需刷上足夠的沙拉油,以防止沾黏。
5. 將切割後的粗麵條靜置鬆弛 2～3 分鐘,較容易拉長變細。
6. 準備配料時,需切成細末,並避免多餘水分,儘量與麵糰結合,整形時才不易鬆散掉落。
7. 除了常用的蔥花外,只要無水份、風味佳、不會過於軟爛的食材,都能與麵糰搭配應用。

蒸 熟

有關蒸熟的方式與細節,請看 p.121 饅頭類的蒸熟,兩者蒸製過程完全相同。

材料（一次攪拌法）

1. 水　135克
2. 即溶酵母　3克（1/2小匙＋1/4小匙）
3. 中筋麵粉　250克
4. 細砂糖　15克
5. 沙拉油　5克

配料

1. 沙拉油　2小匙
2. 鹽　1/4小匙
3. 白胡椒粉　適量
4. 蔥花　40克

做法

1. 先將水、即溶酵母混合，再與中筋麵粉、細砂糖以及沙拉油混合。
2. 搓揉成光滑狀麵糰，將麵糰放在室溫下鬆弛約 5 分鐘，即可開始整形（圖1）。
3. 麵糰擀成長約 35 公分、寬約 15 公分的長方形後，將多餘的麵粉刷掉，在麵糰表面均勻地刷上沙拉油（圖2）。
4. 在麵糰表面均勻地撒上鹽、白胡椒粉（圖3）。
5. 在麵糰表面均勻地撒上蔥花，用手輕壓使蔥花與麵糰黏合（圖4）。
6. 將麵糰向內摺 1/3，並在反摺後的麵糰上均勻地刷上沙拉油（圖5）。
7. 再將另一邊麵糰對摺黏緊，接著切成 14 等分（寬約 2.5 公分）（圖6）。
8. 將兩小塊麵糰重疊，再將竹籤放在麵糰表面的中心部位（圖7）。
9. 用竹籤將麵糰壓到底，取出竹籤後，麵糰鬆弛約 3～5 分鐘（圖8）。
10. 將麵糰底部對摺，再用雙手慢慢將麵糰拉長（圖9）。
11. 將竹籤放在麵糰中心部位，再將麵糰對摺（圖10）。
12. 用手將竹籤轉一圈，接著將左手尾端的麵糰黏合在花捲底部（圖11）。
13. 將捲好的麵糰放在防沾蠟紙上，放入蒸籠內，蓋上蒸籠蓋，進行最後發酵約 20 分鐘（圖12）。
14. 麵糰發酵後，鍋中放入冷水，將蒸籠放在鍋上，熱水沸騰後算起，以中大火蒸約 12 分鐘（從冷水蒸起，全程約需 17 分鐘）。

＊揉麵、擀麵如 p.122 白饅頭的做法 1～8。

＊做法 9 整形好的麵糰，稍微鬆弛後，則可輕易用雙手拉長。

＊做法 10 將麵糰拉長後，則會呈現更細的條狀。

香蔥花捲 （參見DVD示範）

提到花捲，首先想到的就是蔥花口味，
同時還以鹽、白胡椒粉提味，
蔥香中帶著鹹味與麵香，既順口又開胃；
相信平常不愛吃蔥的人，
也會對這樣的蔥花麵食另眼看待，
不用配菜，光是單吃香蔥花捲，
就足以讓人愛不釋口。

份量：7 個

材料（一次攪拌法）

1. 水　135克
2. 即溶酵母　3克（1/2小匙＋1/4小匙）
3. 中筋麵粉　250克
4. 細砂糖　15克
5. 沙拉油　5克

配料

1. 培根　30 克
2. 蔥白　15克
3. 黑胡椒粉　1/4小匙

做法

1. 鍋子稍微加熱後，倒入切碎的培根細末（**圖1**）。

2. 用小火將培根炒熟、炒香，熄火後，倒入蔥白、撒上黑胡椒粉拌勻，放涼備用（**圖2**）。

3. 將水、即溶酵母混合，再與中筋麵粉、細砂糖以及沙拉油混合。

4. 搓揉成光滑狀麵糰，將麵糰放在室溫下鬆弛約 5 分鐘，即可開始整形。

5. 將麵糰擀至長約 35 公分、寬約 15 公分的長方形，在麵糰上刷上少許的沙拉油，將餡料平均倒在麵糰表面，用手輕壓使餡料與麵糰黏合（**圖3**）。

6. 將麵糰向內摺 1/3，並在反摺後的麵糰表面均勻地刷上沙拉油（如 p.144 香蔥花捲做法 6），再將另一邊麵糰對摺黏緊（**圖4**）。

7. 分別切出寬約 2.5 公分以及寬約 2 公分兩種不同寬度的麵糰各 7 份（共14小塊），將較窄的麵糰疊在較寬的麵糰之上，再將竹籤放在麵糰表面的中心部位（**圖5**）。

8. 用竹籤將麵糰壓到底（**圖6**）。

9. 取出竹籤後，將麵糰放在防沾蠟紙上（**圖7**）。

10. 麵糰放入蒸籠內，蓋上蒸籠蓋，進行最後發酵約 20 分鐘。

11. 麵糰發酵後，鍋中放入冷水，將蒸籠放在鍋上，熱水沸騰後算起，以中大火蒸約 12 分鐘（從冷水蒸起，全程約需17分鐘）。

＊揉麵、擀麵如 p.122 白饅頭的做法 1～8。

＊蔥白的甜味與香氣，較能與培根搭配，也可用洋蔥代替。

＊因培根含油脂，因此做法 5 當在麵糰上刷沙拉油時，少量即可。

＊做法 7 將麵糰切割成寬度不同的小麵糰，相疊在一起時，成品表面即成弧形。

培根花捲

當焗香後的培根末，遇上軟綿綿的麵糰，
肯定是絕妙的組合，而重點就是培根需要事先處理，
才能發揮應有的香氣與口感，這點可是偷懶不得，
否則就只有膩口的滋味囉！

長條銀絲捲

　　從外型看來，這種銀絲捲像是長方形的饅頭，不過用手撥開後才見真章，內部條條分明的模樣，才是重點所在；此外，也有人將蒸熟後的銀絲捲，再以熱油炸成外脆內軟的金黃色，搖身一變成為「金絲捲」。將白麵皮內包著滿滿的「油」麵條，蒸熟後才能保持油潤軟綿的條狀口感，因此必須注意切麵條時的刷油動作，別讓麵條沾黏成糰，否則就與一般饅頭沒兩樣了。

＊揉麵、擀麵如 p.122 白饅頭的做法1～8。
＊做法 4 的麵糰在對摺前、對摺後，都需刷上沙拉油，切割細麵條時，才不會沾黏。
＊做法 6 切割後的細麵條，需刷上足夠沙拉油，以防止沾黏。

148

份量：4 個

材料（一次攪拌法）

1. 水　135克
2. 即溶酵母　3克（1/2小匙＋1/4小匙）
3. 中筋麵粉　250克
4. 細砂糖　15克
5. 沙拉油　5克

做法

1. 先將水、即溶酵母混合，再與中筋麵粉、細砂糖以及沙拉油混合。
2. 搓揉成光滑狀麵糰，將麵糰放在室溫下鬆弛約 5 分鐘，即可開始整形。
3. 麵糰擀成長約 30 公分、寬約 30 公分的正方形，將四邊不整齊麵糰修齊，再分割成兩等份（圖1）。
4. 其中一塊麵糰稍微擀長後，刷上均勻的沙拉油再對摺，接著在對摺後的麵糰表面再均勻地刷上沙拉油（圖2）。
5. 將麵糰切成寬約 0.3 公分的細條狀（圖3）。
6. 切好的細麵條分成 4 等分備用（圖4）。
7. 將做法 3 的另一塊麵皮分割成4小塊（圖5）。
8. 將每小塊的麵糰兩端稍微擀薄（圖6）。
9. 將每一份細麵條分別放在做法8的麵糰上，再用手稍微拉長（圖7）。
10. 將麵糰對摺黏緊（圖8）。
11. 將頭尾麵糰向內摺（圖9）。
12. 整形好的麵糰，放在防沾蠟紙上，放入蒸籠內，蓋上蒸籠蓋，進行最後發酵約 20 分鐘。
13. 麵糰發酵後，鍋中放入冷水，將蒸籠放在鍋上，熱水沸騰後算起，以中大火蒸約 12 分鐘（從冷水蒸起，全程約需 17 分鐘）。

螺旋銀絲捲

說穿了,就是想辦法把發酵麵糰切成細麵條,
再環繞成型,以非常簡單的做法,
還可轉出各種花樣;希望味道更豐富的,
可在麵皮上撒些黃砂糖或鹽,以增加味覺的層次感。

份量： 10 個

材料（一次攪拌法）

1. 水　135克
2. 即溶酵母　3克（1/2小匙＋1/4小匙）
3. 中筋麵粉　250克
4. 細砂糖　15克
5. 沙拉油　5克

裝飾→紅蘿蔔屑

做法

1. 先將水、即溶酵母混合，再與中筋麵粉、細砂糖以及沙拉油混合。

2. 搓揉成光滑狀麵糰，將麵糰放在室溫下鬆弛約 5 分鐘，即可開始整形。

麵糰擀成長約40公分、寬約25公分的長方形，並將四邊不整齊麵糰修齊。

在麵糰表面均勻地刷上沙拉油。

將麵糰對摺，在對摺後的麵糰表面均勻地刷上沙拉油，接著將麵糰切成寬約0.3公分的粗條。

切好的粗條放在防沾蠟紙上，用雙手慢慢拉長成細麵條。

將細麵條直接在防沾蠟紙上繞成螺旋狀。

頂端撒上適量的紅蘿蔔屑裝飾，放入蒸籠內，蓋上蒸籠蓋，進行最後發酵約20分鐘。

9. 麵糰發酵後，鍋中放入冷水，將蒸籠放在鍋上，熱水沸騰後算起，以中大火蒸約10 分鐘（從冷水蒸起，全程約需15分鐘）。

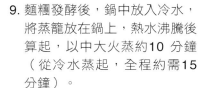

＊揉麵、擀麵如p.122 白饅頭的做法 1～8。

＊做法 5～6 如 p.148 長條銀絲捲的麵條相同，都需要刷上足夠沙拉油，以防止沾黏。

＊做法 6 的細麵條，最好先均分成 10 等分，再開始拉長。

＊裝飾用的紅蘿蔔屑，也可改用其他食材，例如：切碎的葡萄乾、蔓越莓乾等。

份量：6個

材料

1. 水　270克
2. 即溶酵母　5克（1小匙＋1/4小匙）
3. 中筋麵粉　500克
4. 細砂糖　45克
5. 沙拉油　10克
6. 地瓜泥　50克

做法

1. 先將水、即溶酵母混合，再與中筋麵粉、細砂糖以及沙拉油混合，搓揉成光滑狀麵糰，並將麵糰分割成兩等分。

其中一份麵糰加入地瓜泥搓揉成**地瓜麵糰**，另一份則是**白麵糰**。

將地瓜麵糰擀成長約40公分、寬約25公分的長方形，在麵糰表面均勻地刷上沙拉油並對摺，在對摺後的麵糰表面再均勻地刷上沙拉油；將麵糰切成寬約0.3公分的細條狀。

在**地瓜細麵條**上也均勻地刷上沙拉油，以防止沾黏。

將白麵糰擀成長約 30 公分、寬約12 公分的長方形，將地瓜細麵條慢慢拉長後，直接鋪於白麵糰之上。

將白麵糰對摺黏緊成圓柱體。

麵糰捲成圓柱體後，再用手輕搓，好讓麵糰粗細均等，將麵糰切成 6 等分，放在防沾蠟紙上。

8. 麵糰放入蒸籠內，蓋上蒸籠蓋，進行最後發酵約 20 分鐘。

9. 麵糰發酵後，鍋中放入冷水，將蒸籠放在鍋上，熱水沸騰後算起，以中大火蒸約 15 分鐘（從冷水蒸起，全程約需 20 分鐘）。

＊揉麵、擀麵如 p.122 白饅頭的做法1～8。

＊如用攪拌機攪拌地瓜麵糰時，須以中、低速交錯攪拌，應避免太快的攪速。

＊做法 4 中切割後的**地瓜細麵條**，刀口易沾黏，因此必須再刷油，才不會沾黏。

＊做法 5 的地瓜細麵條如有不等長或斷裂情形，都可鋪在白麵糰上面，並不會影響成品效果。

＊做法 7 的麵糰捲成圓柱體後，可用手將麵糰慢慢搓長，則可分割出較多且較小的麵糰。

金絲捲

製作原理如同刀切法饅頭，
只不過一張大麵皮內還裹著一條條有顏色的麵條，
利用地瓜的天然色澤，做出黃澄澄的細絲，
即以「金絲捲」命名。為了表現顏色分明的視覺效果，
市售產品多以色素製作；但家庭DIY者，
均以自然、健康為原則，
因此應儘量利用周邊的天然食材，同樣也能完成。

包子類

包羅萬象的美味

在一般人的認知裡，包子與饅頭的差異，在於前者是包餡的麵食，後者則是不帶餡的；事實上，在中國江南的某些地區，包子與饅頭是不分的，像上海城隍廟內著名的南翔饅頭店所販售的麵點，卻都是所謂的包子類產品；不管稱呼如何，包子與饅頭都屬於發酵類「蒸」的麵食。

包子廣受大眾歡迎，當成是正餐或點心都非常適宜，特別是剛起鍋時，熱氣騰騰、圓鼓鼓的模樣，最能引人食慾。包子的製作過程也非常簡單，從調餡開始到和麵、包餡，很容易就緒，只要把握幾個基本原則，其實不需花費太多時間，就能美味上桌。

時至今日，所流傳的包子種類與口味，因地域不同，而呈現多樣風貌，甚至坊間的創意包子，無論外型還是內餡，無不顛覆傳統的包子印象。

一張包子皮，包著或葷、或素、或鹹、或甜的各式餡料，食材應用之廣，也是無所不包，舉凡豬肉、牛肉、雞肉、海鮮，以及各種蔬菜，只要味道調配得宜，就能包出令人喜愛的好味道。

手工包子製作

不同於機器大量生產的包子，在家自己動手做包子，享受的是現蒸現吃的新鮮美味，尤其是手工揉麵加上精心調配的餡料，無論口感還是香氣，顯得特別討好。

軟硬適中的皮＋新鮮可口的餡＝美味的包子

製作包子的流程　🖸（參見DVD示範）

從準備材料開始，到包子製作完成，主要的動作有四項，歸納如下：

內餡調配 → 包子皮製作 → 包餡 → 蒸熟

內餡調配

由於包子皮的麵糰揉好後，不需經過長時間的基本發酵，即可開始包餡，在麵糰無法等待的情況下，最好先從**內餡調配**開始，然後將餡料冷藏，接著進行和麵的工作。

餡料的品質與風味，直接影響包子是否美味，因此從用料開始就不能馬虎；包子內餡所使用的食材與調配方式，與水餃的內餡大同小異，然而因為兩者不同

的外皮屬性，所呈現的品嚐口感，卻大異其趣；在處理包子餡料時，大可豪邁些，切蔬菜類時也不必像水餃餡的細緻要求，甚至有些蔬菜未經殺菁過程，也能直接拌入餡料中，例如為了凸顯高麗菜的甜度與脆度，只要稍加切碎，即可在**包餡的當時**再直接入餡。

由於包子皮是屬於發酵麵，麵皮具有孔洞組織，因此肉餡的打水量不需像水餃餡那麼多，通常藉由蔬菜的水分含量以及較粗的切割體積，內餡調配之後，不會過於乾澀即可。

掌握餡料該有的鹹度、溼潤度與咀嚼性，才能與包子皮的厚實、鬆軟與嚼勁互相匹配。

基本上，包子的內餡調配分以下三個程序：

絞肉打水 → 添加調味料 → 拌入蔬菜類

（以上三個程序的詳細敘述，請看 p.43 水餃類的內餡調配）

包子皮製作

🥢 麵糰

包子皮的用料很簡單，與饅頭麵糰幾乎相同，只要基本的酵母、水以及麵粉就能完成，其次在材料中加少量的糖與油，可藉以軟化包子皮的質地；包子皮最好操作的軟硬度，麵糰的水分含量約為麵粉的 52％～ 54％，比饅頭的水分含量稍高，麵糰較軟有利於包餡的動作。

包子皮的甜度與軟硬度，也可隨個人喜好的口感來製作，有人愛吃鬆軟的甜包子皮搭配鹹的餡料，有人卻愛有咬勁、有韌性的包子皮。然而就製作的方便性而言，要特別注意的是，過軟、過硬的包子皮都會影響擀皮、包餡的效果，甚至也會影響成品外觀。

包子皮麵糰的基本要求，也是「**三光**」狀態，但為了讓成品細緻光滑，麵糰的搓揉要求可比「三光」狀態**更光滑**些（請看 p.108 理想的麵糰）。

本書中的包子皮採最基本的原味口感，並未添加其他材料或化學膨鬆劑，既方便又健康，適合搭配不同餡料，除非是豆沙包、芝麻包、芋頭三角包等甜餡產品，外皮才會出現甜味效果。

揉麵

包子皮麵糰的揉麵與饅頭完全相同，讀者可依個人方便性使用雙手或機器，都可順利完成。

1. 揉麵請看 p.109 及 p.110 麵糰形成的一次攪拌法、二次攪拌法。
2. 請看 p.108 及 p.109 手工揉麵或機器攪拌麵糰。
3. 麵糰揉製完成後，將麵糰放在室溫下，鬆弛約 **5分鐘** 即可開始操作。
4. 麵糰鬆弛之後，不需再擀壓麵糰即可分割，因為在擀皮時，就可將麵糰內的氣泡擀出。

麵糰分割

1. 分割前，可將麵糰搓成長條狀，儘量粗細一致，才方便分割（**圖1**）。
2. 用大刮板將麵糰分割成 8～10 等份，當然你可以依個人的需求與喜好，調整大小與個數（**圖2**）。
3. 也可直接用手揪成等量的小塊（**圖3**）。
4. 儘量等量分割，才不至於大小不一，而影響蒸熟的效果（**圖4**）。

擀皮

1. 擀皮的方式與水餃皮相同。
2. 用手將小麵糰壓成圓餅狀，以左手的食指與拇指抓著麵糰邊緣轉圈，同時右手掌壓住擀麵棍從麵糰邊緣不停地擀（**圖5**）。
3. 擀成中間厚周圍薄的麵皮，勿須刻意擀得太薄，直徑約 10 ～ 12 公分（**圖6**）。

包餡

原則上餡料的分量與包子皮的份量是 1：1，過多或過少的餡料，都不適宜。過多的餡料容易沾溼麵皮邊緣，而影響黏合；過少的餡料，則對口感美味打折扣。

1. 將餡料填在包子皮內，注意份量勿過多，以利黏合。
2. 左手拇指壓住餡料，用右手將包子皮邊緣稍微提高（圖7）。
3. 可利用左手頂住麵皮邊緣，右手再順勢向前將麵皮一摺一摺黏合（圖8、圖9）。
4. 麵皮黏合一圈後，回到原點黏成一個小開口即可（圖10）。
5. 需注意，包餡時的捏合動作，儘量控制摺紋大小，包子外型才會呈現工整的圓形（圖11）。

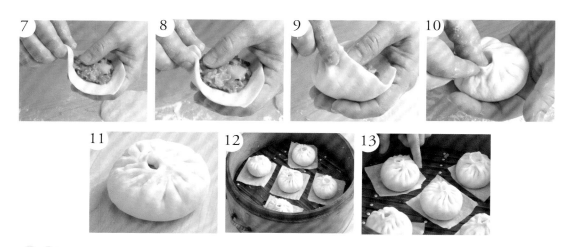

蒸熟

🥢 最後發酵

　　包餡完成後，需放在防沾的蠟紙上（或蒸籠內的濕布上），直接放入蒸籠內，蓋上蒸籠蓋，進行最後發酵，視當時的環境溫度與麵糰的發酵狀態，通常在15～25分鐘即可入爐蒸製；發酵時間需控制得宜，過久與不足都會影響包子品質，只要確認麵糰比發酵前（圖12）稍微膨脹（體積變大）即可（圖13）。

🥢 蒸製方式

　　蒸製方式與饅頭製品相同。
1. 從冷水開始蒸起，或將鍋中的水燒熱而未達沸騰狀態，再放上蒸籠。
2. 蒸籠邊緣開始冒煙，表示鍋中的水已沸騰，才開始計時。
3. 依包子大小決定蒸製時間，如照書中成品大小，熱水沸騰後算起，以中大火蒸約12分鐘即可（從冷水蒸起，全程約需17分鐘）。
4. 麵糰大小與蒸製時間成正比，如p.176小籠包個頭較小，蒸製時間較短。
5. 熄火後先將蒸籠稍微掀開一小縫（如p.121下圖），待3～5分鐘後，再完全打開蒸籠，如此一來，可避免成品受到急遽的溫度變化，而有可能影響外觀。

菜肉包子

顧名思義這是有菜有肉的包子，
內餡是用高麗菜製作，
取其爽脆的口感特性，因此在調配餡料時，
刻意未將高麗菜擠水，但須注意的是，
等到要包餡時再將切碎的高麗菜拌入肉餡中，
免得太早拌合後，餡料容易出水。

內餡材料

1. 豬絞肉　200克
   - 鹽　1/2小匙
   - 水　3大匙

調味料
   - 醬油　1大匙
   - 薑泥　1/2小匙
   - 細砂糖　1/4小匙
   - 白胡椒粉　1/4小匙
   - 白麻油　2大匙

2. 蔥　3根
3. 高麗菜　200克

包子皮材料（一次攪拌法）

1. 水　135克
2. 即溶酵母　3克（1/2小匙＋1/4小匙）
3. 中筋麵粉　250克
4. 細砂糖　10克
5. 沙拉油　5克（1小匙）

做法

內餡調配

1. 依 p.43 所述方式進行**絞肉**打水。

2. 依 p.44 所述方式逐項添加**調味料**。

3. 絞肉處理之後，冷藏冰鎮備用。

將**蔥花**拌入已調過味的肉餡中，攪拌均勻。

高麗菜切碎後，直接倒入已調過味的肉餡中。

為增加餡料的滑潤度，可另外將**1大匙的白麻油**淋在高麗菜上，用筷子輕輕拌勻即可。

包子皮製作

7. 請看p.109 的一次攪拌法及p.156 的揉麵、麵糰分割、擀皮。

包餡

8. 請看p.156 的「包餡」。

蒸熟

9. 包好後的包子放在防沾蠟紙上，直接放入蒸籠內，蓋上蒸籠蓋，進行最後發酵約 15 分鐘。

10. 麵糰發酵後，鍋中放入冷水，將蒸籠放在鍋上，熱水沸騰後算起，以中大火蒸約 12 分鐘（從冷水蒸起，全程約需 17 分鐘）。

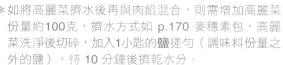

＊如將高麗菜擠水後再與肉餡混合，則需增加高麗菜份量約100克，擠水方式如 p.170 麥穗素包，高麗菜洗淨後切碎，加入1小匙的**鹽**搓勻（調味料份量之外的鹽），待 10 分鐘後擠乾水分。

香菇竹筍包

這款包子的內餡材料，都是顆粒狀，
與一般黏稠狀的餡料完全不同，
因此咀嚼時的脆度、咬勁也特別明顯。

份量：8個

內餡材料

1. 豬絞肉　150克
   - 鹽　1/2小匙
   - 水　3大匙
   - 調味料
     - 醬油　2大匙
     - 細砂糖　1/4小匙
     - 白胡椒粉　1/2小匙
     - 白麻油　1大匙
2. 蔥　2根
3. 香菇　8朵
4. 竹筍　200克
5. 紅蘿蔔　100克

包子皮材料（一次攪拌法）

1. 水　135克
2. 即溶酵母　3克（1/2小匙＋1/4小匙）
3. 中筋麵粉　250克
4. 細砂糖　10克
5. 沙拉油　5克（1小匙）

＊任何品種的鮮筍均可，但都需要經過殺
　菁處理，以去除生澀味。
＊為使香菇更加入味，可與調過味的肉餡
　先拌勻，冷藏冰鎮後再加入蔥花、竹筍
　以及紅蘿蔔。

做法

內餡調配

1. 依 p.43 所述方式進行**絞肉**打水。

2. 依 p.44 所述方式逐項添加**調味料**。

3. 絞肉處理之後,冷藏冰鎮備用。

4. 將**蔥花**拌入已調過味的肉餡中,攪拌均勻。

香菇洗淨用水泡軟,擠乾後再切成丁狀;用滾水分別將**竹筍、紅蘿蔔**燙熟,撈起後用冷水漂涼,再切成丁狀。

將切碎後的材料全部倒入已調過味的肉餡中。

為增加餡料的滑潤度,可另外將**1大匙的白麻油**淋在蔬菜上,用筷子輕輕拌勻即可。

包子皮製作

8.請看p.109 的一次攪拌法及 p.156 的揉麵、麵糰分割、擀皮。

包餡

9. 請看p.156的「包餡」。

蒸熟

10. 包好後的包子放在防沾蠟紙上,直接放入蒸籠內,蓋上蒸籠蓋,進行最後發酵約 15 分鐘。

11. 麵糰發酵後,鍋中放入冷水,將蒸籠放在鍋上,熱水沸騰後算起,以中大火蒸約12分鐘(從冷水蒸起,全程約需 17 分鐘)。

鮮脆菜包

（參見DVD示範）

青江菜與竹筍組合成清甜爽脆的口感，

不過這兩種食材都需要事先過水汆燙，才顯得出美味，

非竹筍季節時，也可用其他品種的鮮筍代替。

份量：8個

內餡材料

1. 豬絞肉　150克
   - 鹽　1/2小匙＋1/4小匙
   - 水　3大匙
   - 調味料
     - 醬油　1大匙
     - 薑泥　1/2小匙
     - 細砂糖　1/2小匙
     - 白胡椒粉　1/4小匙
     - 白麻油　2大匙
2. 蔥　2根
3. 青江菜　250克
4. 竹筍　250克

包子皮材料（一次攪拌法）

1. 水　135克
2. 即溶酵母　3克（1/2小匙＋1/4小匙）
3. 中筋麵粉　250克
4. 細砂糖　10克
5. 沙拉油　5克（1小匙）

做法

內餡調配

1. 依 p.43 所述方式進行**絞肉**打水。

2. 依 p.44 所述方式逐項添加**調味料**。

3. 絞肉處理之後，冷藏冰鎮備用。

*青江菜與竹筍不需切太碎，口感較佳。

*內餡材料中的鹽量為 1/2 小匙＋1/4 小匙，合計為 3/4 小匙，但標準量匙上並無 3/4 小匙，為避免誤差、最好分別使用 1/2 小匙以及 1/4 小匙。

4　將**蔥花**拌入已調過味的肉餡中，攪拌均勻。

5　**青江菜**洗淨後，用滾水汆燙約10秒鐘，撈起後接著用冷水漂涼，再擠乾水分，切碎備用。

6　**竹筍**用滾水燙熟，撈起後用冷水漂涼，切成丁狀與青江菜同時倒入調過味的肉餡中。

7　為增加餡料的滑潤度，可另外將**1大匙的白麻油**淋在蔬菜上，用筷子輕輕拌勻即可。

包子皮製作

8. 請看p.109 的一次攪拌法及p.156 的揉麵、麵糰分割、擀皮。

包餡

9. 請看p.156的「包餡」。

蒸熟

10. 包好後的包子放在防沾蠟紙上，直接放入蒸籠內，蓋上蒸籠蓋，進行最後發酵約15分鐘。

11. 麵糰發酵後，鍋中放入冷水，將蒸籠放在鍋上，熱水沸騰後算起，以中大火蒸約12分鐘（從冷水蒸起，全程約需 17 分鐘）。

份量：8個

內餡材料

1. 竹筍　150克
2. 洋蔥　1/2個（約100克）
3. 豬絞肉　200克
4. 咖哩塊　2小塊
5. 水　150克

包子皮材料（一次攪拌法）

1. 水　135克
2. 即溶酵母　3克（1/2小匙＋1/4小匙）
3. 中筋麵粉　250克
4. 細砂糖　10克
5. 沙拉油　5克（1小匙）

做法

內餡調配

1. **竹筍**用滾水燙熟，撈起後用冷水漂涼，切成丁狀；**洋蔥**切碎後備用。

2 鍋中放入約1大匙的沙拉油，用小火將洋蔥炒軟、炒香。

3 加入**豬絞肉**，繼續炒至肉色變白。

4 接著加入**咖哩塊、水**，用中小火拌炒。

5 煮至湯汁沸騰、咖哩塊溶化時，即加入竹筍丁，繼續用中小火拌炒。

6 待湯汁收乾，放涼後即可使用。

包子皮製作

7. 請看 p.109 的一次攪拌法及 p.156 的揉麵、麵糰分割、擀皮。

包餡

8. 請看 p.156 的「包餡」。

蒸熟

9. 包好後的包子放在防沾蠟紙上，直接放入蒸籠內，蓋上蒸籠蓋，進行最後發酵約 15 分鐘。

10. 麵糰發酵後，鍋中放入冷水，將蒸籠放在鍋上，熱水沸騰後算起，以中大火蒸約 12 分鐘（從冷水蒸起，全程約需 17 分鐘）。

＊竹筍切成約1公分的丁狀，勿切太小，口感較佳。

＊材料中的咖哩塊，即市售盒裝產品，已加工調味，不須芶芡即可成濃稠狀。

＊任何品種的鮮筍均可，但都需要經過殺菁處理，以去除生澀味。

咖哩肉包

咖哩口味的餡料，首先需要將所有材料入鍋拌炒，
才能將咖哩的香氣融入食材中，餡料製作完成後，
最好先放入冰箱冷藏過夜再使用，風味才夠濃郁，
咖哩的香氣配上軟綿的麵皮，非常開胃又可口。

份量：8 個

內餡材料

1. 豬絞肉　300克
   - 鹽　1/2小匙＋1/4小匙
   - 水　4大匙

   調味料
   - 醬油　3大匙
   - 米酒　1/4小匙
   - 細砂糖　1/4小匙
   - 五香粉　1/8小匙
   - 白胡椒粉　1/2小匙
   - 白麻油　2大匙

2. 蔥　5根

包子皮材料（二次攪拌法）

A
1. 水　165克
2. 即溶酵母　2克（1/2小匙）
3. 中筋麵粉　200克

B
1. 中筋麵粉　100克
2. 細砂糖　10克
3. 沙拉油　5克（1小匙）

＊為增加豐富滋味，可在包餡時放入半顆鹹蛋黃，即為台式蛋黃肉包。

做法

內餡調配

1. 依 p.43 所述方式進行**絞肉**打水。

2. 依 p.44 所述方式逐項添加**調味料**。

3. 絞肉處理之後，冷藏冰鎮備用。

4　將**蔥花**拌入已調過味的肉餡中。

5　用筷子輕輕拌均即可。

包子皮製作

6. 請看 p.110 的二次攪拌法及 p.156的揉麵、麵糰分割、擀皮。

包餡

7. 請看 p.156 的「包餡」。

蒸熟

8. 包好後將包子放在防沾蠟紙上，直接放入蒸籠內，蓋上蒸籠蓋，進行最後發酵約 15 分鐘。

9. 麵糰發酵後，鍋中放入冷水，將蒸籠放在鍋上，熱水沸騰後算起，以中大火蒸約 12 分鐘（從冷水蒸起，全程約需 17 分鐘）。

五香鮮肉包子

同樣也是以肉餡為主的包子，
只是在調味料上做變化，
其滋味就完全不同，用五香粉、米酒調味提香，
較有台式風味，但要注意用量的拿捏，
絕不能過多，否則會有反效果，
為了化解膩口問題，
餡料中的蔥花可多加一些。

內餡材料

1. 豬絞肉　150克
　{ 鹽　1/2小匙
　{ 水　3大匙

　調
味
料 { 醬油　1大匙
　　　{ 薑泥　1/2小匙
　　　{ 白胡椒粉　1/2小匙
　　　{ 白麻油　2大匙

2. 蔥　3根
3. 紅蘿蔔　50克
4. 高麗菜　200克
5. 熟白芝麻　2大匙

包子皮材料（一次攪拌法）

1. 水　135克
2. 即溶酵母　3克（1/2小匙＋1/4小匙）
3. 中筋麵粉　250克
4. 細砂糖　10克
5. 沙拉油　5克（1小匙）

麵粉水

1. 水　100克
2. 中筋麵粉　5克

做法

內餡調配

1. 依 p.43 所述方式進行**絞肉**打水。
2. 依 p.44 所述方式逐項添加**調味料**。
3. 絞肉處理之後，冷藏冰鎮備用。
4. 將**蔥花**拌入已調過味的肉餡中。
5. **紅蘿蔔**切碎後拌入肉餡中，攪拌均勻。
6. **高麗菜**洗淨後，切碎備用。

包子皮製作

7. 請看p.109 的一次攪拌法及p.156 的揉麵、麵糰分割、擀皮。

*倒入鍋內的麵粉水，須完全接觸包子底部，高度約達 0.5 公分。

包餡

8. 麵糰分割成 10 等分，分別壓扁後再開始擀皮（圖1）。
9. 先包入適量的肉餡（圖2），再包入碎高麗菜（圖3）。
10. 用手將高麗菜向內擠壓後，再拎起麵糰邊緣慢慢黏合（圖4）。

煎熟

11. 包好後的包子放在室溫下發酵約 10 分鐘，平底鍋內放入約 2 大匙的沙拉油，再放入發酵後的包子（圖5）。
12. 倒入麵粉水（圖6）。
13. 再淋上約1大匙的沙拉油（圖7）。
14. 撒上適量的**熟白芝麻**，再蓋上鍋蓋，以中火開始加熱（圖8）。
15. 約10分鐘後，當鍋內發出聲響即表示水分即將烤乾，此時可試著掀起鍋蓋確認，當包子底部煎成金黃色時，即可起鍋。
16. 將水煎包剷出反扣在盤上即可。

1

5

2

6

3

7

4

8

水煎包

同樣的皮與餡，但以不同的熟製過程做包子，
卻有不同的滋味，利用油、水、熱氣將包子煎熟，
多了皮脆、皮香的特殊效果，
不過當然也是得現煎現吃最美味。

份量：10 個

內餡材料

1. 高麗菜　300克
2. 香菇　5朵
　　＋醬油　1小匙
3. 熟麵輪　5個
4. 紅蘿蔔　50克
5. 芹菜　30克
6. 嫩薑　5克

調味料
- 鹽　1/2小匙
- 細砂糖　1/2小匙
- 醬油　1小匙
- 白胡椒粉　1/2小匙
- 白麻油　2大匙

包子皮材料（一次攪拌法）

1. 水　135克
2. 即溶酵母　3克（1/2小匙＋1/4小匙）
3. 中筋麵粉　250克
4. 細砂糖　10克
5. 沙拉油　5克（1小匙）

做法

內餡調配

1. **高麗菜**洗淨後切碎，加入1小匙的**鹽**搓勻（調味料份量之外的鹽），待10 分鐘後擠乾水分。
2. **香菇**洗淨後泡軟再切成細末，另加1小匙醬油攪勻備用（圖1）。
3. **熟麵輪**用熱水泡軟，**紅蘿蔔**用滾水煮熟；與**芹菜**分別切成細丁狀備用。**嫩薑**切成細末（圖2）。
4. 將香菇、熟麵輪、紅蘿蔔、芹菜以及薑末混合，加入所有**調味料**（白麻油最後加入）（圖3）。
5. 用筷子攪拌均勻（圖4）。
6. 高麗菜擠乾水分後備用，先不與其他材料混合（圖5）。
7. 開始包餡時，再將高麗菜與其他材料混合，不要太早拌合，以免高麗菜出水影響包餡成型（圖6）。

包子皮製作

8. 請看 p.109 的一次攪拌法及 p.156 的揉麵、麵糰分割、擀皮。

包餡

9. 填入適量的餡料（圖7）。
10. 麥穗造形做法：首先在開端將麵糰向內摺（圖8）。
11. 接著將麵糰的左、右分別黏合，最後將尾端黏緊（包餡方式，請參考 p.172 海苔敏豆包）（圖9）。

蒸熟

12. 包好後的包子放在防沾蠟紙上，直接放入蒸籠內，蓋上蒸籠蓋，進行最後發酵約15 分鐘（圖10）。
13. 麵糰發酵後，鍋中放入冷水，將蒸籠放在鍋上，熱水沸騰後算起，以中大火蒸約12 分鐘（從冷水蒸起，全程約需 17 分鐘）。

1

6

2

7

3

8

4

9

5

10

麥穗素包

平常見到的麥穗造形，多為素的內餡，當然也可以改成其他葷的食材，
在眾多素菜中，使用品質好的麻油調味，同時份量可以增加，
口感才顯得滑潤爽口，不過醬油的量點到為止就好，
否則會影響多種蔬菜的鮮甜，而其中的白胡椒粉則是不可或缺的調味重點，
微微的辛香味具畫龍點睛之效。

＊熟麵輪為油炸的豆類製品，質地堅硬，使用
　前必須以熱水泡軟；在一般傳統市場或超市
　即有販售。
＊以嫩薑提味，勿使用老薑，否則辛辣味過重
　會影響口感。

份量： 10 個

內餡材料

1. 豬絞肉　200 克
   { 鹽　1 小匙
   { 水　3 大匙

   調味料 { 醬油　2 小匙
   { 白胡椒粉　1/4 小匙
   { 白麻油　1 大匙

2. 蔥　3 根
3. 敏豆　200 克

做法

內餡調配

1. 依 p.43 所述方式進行**絞肉打水**。

2. 依 p.44 所述方式逐項添加**調味料**。

3. 絞肉處理之後，冷藏冰鎮備用。

4. 將**蔥花**拌入已調過味的肉餡中，拌均勻（圖1）。

5. **敏豆**洗淨摘掉頭尾後，用滾水汆燙至熟，撈起後接著用冷水漂涼，再擠乾水分備用（圖2）。

6. 敏豆切成丁狀（圖3）。

7. 將敏豆全部倒入肉餡中（圖4）。

8. 為增加餡料的滑潤度，可另外將**1大匙的白麻油**淋在敏豆上，用筷子輕輕拌勻即可（圖5）。

包子皮製作

9. 除海苔粉外，將所有材料混合成糰、如 p.109 的一次攪拌法。

10. 將海苔粉加入麵糰中、繼續用手搓揉成光滑狀。

11. 麵糰放在室溫下鬆弛約 5 分鐘，即可開始製作。

12. 將麵糰分割成10 等分，擀皮方式請看p.156 的「擀皮」。

包餡

13. 首先在開端將麵糰向內摺（圖6）。

14. 麵糰向內摺後，接著準備黏合動作（圖7）。

15. 將麵糰的開端先黏合，接著順勢將麵糰的左、右輪流黏合（圖8）。

16. 注意左、右兩邊的麵糰在黏合時，需控制打摺的長度（圖9）。

17. 最後將尾端黏緊（圖10）。

蒸熟

18. 包好後的包子放在防沾蠟紙上，直接放入蒸籠內，蓋上蒸籠蓋，進行最後發酵約 15 分鐘。

19. 麵糰發酵後，鍋中放入冷水，將蒸籠放在鍋上，熱水沸騰後算起，以中大火蒸約 12 分鐘（從冷水蒸起，全程約需 17 分鐘）。

包子皮材料（一次攪拌法）

1. 水　135克
2. 即溶酵母　3克（1/2小匙＋1/4小匙）
3. 中筋麵粉　250克
4. 細砂糖　15克
5. 沙拉油　5克（1小匙）
6. 海苔粉　1小匙

＊海苔粉：呈綠色的粉末狀、有明顯的海苔香，可增添麵糰的色澤；在烘焙材料店有售。

海苔敏豆包

敏豆是一年四季都有生產的農作物，又名「四季豆」，是普遍受到消費者喜愛的豆莢類蔬菜，除了直接清炒食用外，還可用油炸、乾煸等方式做料理，或是氽燙後拌入各式醬料，做成涼拌菜等，都是非常可口的家常菜餚。敏豆的水分含量高，並富含蛋白質、醣類、纖維素以及多種維生素，爽脆清甜的口感，也適合調成餡料做包子，特別在包子皮中添加少許的海苔粉，更增添不同的風味。

雙色酸菜包

以雙色饅頭為概念，應用在包子的製作，從和麵、擀麵到麵糰分割完全就是饅頭的製作過程；不管單色還是雙色，只要能和成麵糰，就能包餡做包子，因此，包子皮的色澤變化，就跟饅頭一樣，變化無窮。

份量：12個

內餡材料

1. 豬絞肉　150克
   - 鹽　1/2小匙
   - 水　3大匙
   - 調味料
     - 醬油　1大匙
     - 薑泥　1/2小匙
     - 白胡椒粉　1/4小匙
     - 白麻油　1大匙
2. 蔥　5根
3. 酸菜絲　200克（擠乾水分後）

包子皮材料（一次攪拌法）

甜菜根汁

1. 甜菜根　100克（去皮後）
2. 水　40克

甜菜根麵糰

1. 甜菜根汁　100克
2. 即溶酵母　2克（1/2小匙）
3. 中筋麵粉　180克
4. 細砂糖　10克

白色麵糰

1. 水　65克
2. 即溶酵母　1克（1/4小匙）
3. 中筋麵粉　120克
4. 細砂糖　5克

做法

內餡調配

1. 依 p.43 所述方式進行**絞肉**打水。
2. 依 p.44 所述方式逐項添加**調味料**。
3. 絞肉處理之後，冷藏冰鎮備用。
4. 將**蔥花**拌入已調過味的肉餡中。
5. **酸菜絲**洗淨後擠乾水分，切成細末倒入調過味的肉餡中，為增加餡料的滑潤度，可另外將**1大匙的白麻油**淋在酸菜絲上，用筷子輕輕攪勻即可（**圖1**）。

包子皮製作（一次攪拌法）

6. **甜菜根麵糰**的主要材料：甜菜根汁、中筋麵粉（**圖2**）。甜菜根汁的榨取方式請看 p.34 甜菜根麵條。
7. **甜菜根麵糰與白色麵糰做法**如 p.109 的**一次攪拌法**，兩種麵糰分別揉好後，放在室溫下鬆弛約 5 分鐘，即可開始整形（**圖3**）。
8. 將兩種麵糰分別擀成長方形（**圖4**）。

包
子
類

9. 在甜菜根麵糰表面刷上均勻的清水（**圖 5**）。

10. 用擀麵棍將白色麵糰捲起，直接蓋在甜菜根麵糰之上（**圖6**）。

11. 用大刮板將麵糰四周不整齊的麵糰切除（**圖7**）。

12. 在白色麵糰表面刷上均勻的清水（**圖 8**）。

13. 由麵糰的邊緣開始緊密的捲起，麵糰的另一邊，需用擀麵棍擀薄，以利捲完後的麵糰能夠黏合（**圖9**）。

14. 捲成圓柱體後，再從麵糰中心部位輕輕搓揉數下，好讓麵糰粗細均等，麵糰搓成長約 50 公分圓柱體（**圖10**）。

包餡

15. 將麵糰切成 12 等分。

16. 請看 p.156 的「包餡」。

蒸熟

17. 包好後的包子放在防沾蠟紙上，直接放入蒸籠內，蓋上蒸籠蓋，進行最後發酵約15分鐘，也可將包好的包子表面當作底部，而成不同造型（**圖11**）。

18. 麵糰發酵後，鍋中放入冷水，將蒸籠放在鍋上，熱水沸騰後算起，以中大火蒸約 12 分鐘（從冷水蒸起，全程約需 17 分鐘）。

＊除了甜菜根麵糰之外，也可利用其他蔬菜汁製作不同的雙色效果。

小籠包

跟小籠湯包的相似之處，應該都以肉餡為主，
甚至肉餡的鹹、香、鮮的滋味也大同小異，
不過兩者最大差異，在於外皮；小籠包的外皮具發麵效果，
因此肉餡的調配不必像小籠湯包，要有鼓鼓的一包湯汁，另外特別的是，
發麵中還添加一部分燙麵，如此一來，兩種不同特性的麵糰合而為一後，
產生軟中帶Q的特殊口感。

份量：24 個

內餡材料

1. 豬絞肉　300克
   - { 鹽　1/2小匙＋1/4小匙
   - { 水　3大匙

   調味料
   - { 醬油　1大匙
   - { 紹興酒　1/4小匙
   - { 薑泥　1/2小匙
   - { 白胡椒粉　1/4小匙
   - { 白麻油　1大匙

2. 蔥白　35克

包子皮材料（一次攪拌法）

燙麵麵糰

1. 滾水　60克
2. 中筋麵粉　80克

發酵麵糰

1. 水　120克
2. 即溶酵母　4克（1小匙）
3. 中筋麵粉　200克
4. 細砂糖　5克

做法

內餡調配

1. 依 p.43 所述方式進行**絞肉**打水。

2. 依 p.44 所述方式逐項添加**調味料**。

3. 絞肉處理之後，冷藏冰鎮備用。

4. 將**蔥白**拌入已調過味的肉餡中。

包子皮製作

5. **燙麵麵糰**：滾水以繞圈方式倒入麵粉中。

6. 用橡皮刮刀將麵粉與滾水攪拌成糰。

7. 燙麵麵糰放在室溫下冷卻備用。

8. **發酵麵糰**：揉麵的方式請看 p.109 的一次攪拌法。

9. **燙麵麵糰**（下圖左）完全冷卻後，再與**發酵麵糰**（下圖右）混合。

10. 將燙麵麵糰與發酵麵糰搓揉成光滑狀，麵糰放在室溫下鬆弛約 10 分鐘，即可開始製作。

包餡

11. 將麵糰分割成 24 等分。

12. 請看 p.156 的「包餡」，麵皮黏合一圈後，回到原點需將封口黏緊。

蒸熟

13. 包好後的包子放在防沾蠟紙上，直接放入蒸籠內，蓋上蒸籠蓋，進行最後發酵約 25 分鐘。

14. 麵糰發酵後，鍋中放入冷水，將蒸籠放在鍋上，熱水沸騰後算起，以中大火蒸約10 分鐘（從冷水蒸起，全程約需 15 分鐘）。

＊調味料中的紹興酒可以米酒取代，但兩者風味不同。

＊包子皮以半發麵製作，麵糰需有足夠的發酵時間，才可開始蒸製，成品才會鬆軟可口。

＊成品尺寸較小，因此注意蒸製時間勿過久。

開陽大白菜包子

所謂「開陽」是指蝦米，
添加在餡料中，只需要少許就能提鮮提味，
以開陽白菜的家常口味，當做包子餡料，也非常適合。
不過先將開陽爆香，更具加分效果。
試試看！平凡的食材，也會有好味道。

份量：8 個

內餡材料

1. 豬絞肉　150克
   { 鹽　1/2小匙
   { 水　2大匙
   調味料 { 醬油　1大匙
   { 薑泥　1/2小匙
   { 白麻油　1大匙

2. 大白菜　300克
3. 紅蘿蔔　30克
4. 蝦米　5克（1小匙）
5. 香菇　2朵
6. 蔥　35克

包子皮材料（一次攪拌法）

1. 水　140克
2. 即溶酵母　3克（1/2小匙＋1/4小匙）
3. 中筋麵粉　185克
4. 全麥麵粉　65克
5. 細砂糖　10克
6. 沙拉油　5克（1小匙）

做法

內餡調配

1. 依 p.43 所述方式進行**絞肉**打水。
2. 依 p.44 所述方式逐項添加**調味料**。
3. 絞肉處理之後，冷藏冰鎮備用。

＊包子皮中添加全麥麵粉，其做法與全部用中筋麵粉的包子皮製作方式完全相同。

4

大白菜洗淨後切碎，加1小匙的鹽拌勻（材料份量之外的鹽），放在室溫下靜置約10分鐘，再將大白菜的水分擠出。

5

擠乾水分後的大白菜。

6

紅蘿蔔切碎；**蝦米、香菇**洗淨後分別用水泡軟，再切成細末備用。

7

鍋中放2小匙沙拉油，用小火先將蝦米炒香。

8

再放入香菇，炒熟後盛盤放涼備用。

9

將放涼後的蝦米、香菇倒入已調過味的肉餡中,先攪拌均勻。

10

將**蔥花**拌入肉餡中,再倒入大白菜、紅蘿蔔,為增加餡料的滑潤度,可另外將**1大匙的白麻油**淋在蔬菜上,用筷子輕輕攪勻即可。

包子皮製作

11. 請看 p.109 的一次攪拌法及 p.156的揉麵、麵糰分割、擀皮。

包餡

12. 請看 p.156 的「包餡」。

蒸熟

13. 包好後的包子放在防沾蠟紙上,直接放入蒸籠內,蓋上蒸籠蓋,進行最後發酵約15分鐘。

14. 麵糰發酵後,鍋中放入冷水,將蒸籠放在鍋上,熱水沸騰後算起,以中大火蒸約 12 分鐘 (從冷水蒸起,全程約需 17 分鐘)。

芋泥三角包

回憶年幼時，經常吃紅糖三角包，雖然只是簡單的麵皮包著紅糖，
在物資缺乏的年代裡，卻是最令人滿足的點心。或將食材變化，
利用老少咸宜的芋泥做餡料、香甜的黑糖蜜做外皮，其香氣、口感更加提升。

份量：10 個

內餡材料

1. 芋頭　100克（去皮後）
2. 糖粉　45克
3. 太白粉　1/2小匙
4. 無鹽奶油　35克

外皮材料（一次攪拌法）

1. 水　90克
2. 即溶酵母　3克（1/2小匙＋1/4小匙）
3. 中筋麵粉　200克
4. 糖蜜　25克
5. 沙拉油　5克

做法

內餡

1. **芋頭**去皮後切成小塊再蒸熟，趁熱加入**糖
   粉、太白粉**以及**無鹽奶油**（圖1）。
2. 用橡皮刮刀（或用攪拌機）攪拌至芋頭成
   泥狀，接著再放入冷藏室待凝固（圖2）。
3. 芋頭泥凝固後，分成10等分備用（圖3）。

外皮製作（可參考 p.109 的一次攪拌法）

4. 先將水、即溶酵母混合，再倒入麵粉（圖4）。
5. 加入沙拉油以及黑糖蜜，用橡皮刮刀將所有材料攪勻至水分消失（圖5）。
6. 用手繼續搓揉成光滑狀，麵糰放在室溫下鬆弛約5分鐘，即可開始製作（圖6）。

包餡

7. 麵糰搓成長條狀，注意麵糰的每個部位都要均勻搓揉，儘量將多餘氣泡壓出，將麵糰分割成 10 等分，將分割後的小麵糰，用手稍作整形，以利擀皮動作（**圖7**）。

8. 整形後的小麵糰，鬆弛約3～5分鐘再開始擀皮（**圖8**）。

9. 先將麵糰壓扁（**圖9**）。

10. 麵糰擀成直徑約 9 公分的圓片狀，再將一份**芋泥餡**放在麵皮中央，為避免沾黏，可隔著保鮮膜用手將芋頭泥稍微壓平，以利於麵皮的包合動作（**圖10**）。

11. 將麵皮圍成三角形，並將三邊麵皮確實黏緊（**圖11**）。

12. 最後再將中心點所聚集的麵皮確實黏緊，以防止在蒸的過程中爆開（**圖12**）。

蒸熟

13. 包好後的包子放在防沾蠟紙上，直接放入蒸籠內，蓋上蒸籠蓋，進行最後發酵約 15 分鐘。麵糰發酵後，鍋中放入冷水，將蒸籠放在鍋上，熱水沸騰後算起，以中大火蒸約 12 分鐘（**圖13**）（從冷水蒸起，全程約需 17 分鐘）。

7

8

11

9

12

10

13

＊糖蜜（molassess）又稱黑糖蜜，呈黑色的濃稠狀糖漿，通常用於西點的聖誕水果蛋糕中，味道香醇濃郁，也適合用來製作中式麵食，在一般的烘焙材料店即有販售。

＊芋泥餡需確實冷藏凝固，才利於包餡成型。

抹茶豆沙包

在中式甜味麵點中，用紅豆沙做包子應是最普遍的，
就算最陽春的做法，只是原味的麵皮，包著香甜的紅豆沙，
也能變成一道軟綿可口的點心；將外皮改成抹茶口味，
與紅豆沙結合，更是速配的好滋味！

*抹茶粉含兒茶素、維生素C、纖維素
及礦物質，為受歡迎的健康食材，
常添加在西點中，增加風味與色
澤。

份量：10 個

內餡材料

紅豆沙　250克

外皮材料（一次攪拌法）

1. 水　135克
2. 即溶酵母　3克（1/2小匙＋1/4小匙）
3. 中筋麵粉　250克
4. 細砂糖　25克
5. 抹茶粉　1小匙
6. 蔓越莓乾　少許

做法

內餡分割

1. 紅豆沙分割成10等分備用（**圖1**）。

外皮製作

2. 先將水、即溶酵母混合，再倒入抹茶粉（**圖2**）。

3. 倒入麵粉以及細砂糖，用橡皮刮刀將所有材料攪勻至水分消失（**圖3**）。

4. 用手將麵糰繼續搓揉成光滑狀，麵糰放在室溫下鬆弛約5分鐘，即可開始製作（**圖4**）。

5. 將麵糰分割成 10 等分，將分割後的小麵糰，用手稍作整形，以利擀皮動作（如 p.180 芋泥三角包的包餡）。

6. 小麵糰的整形、擀皮請參考 p.180 芋泥三角包的**包餡 7. 8. 9.**。

包餡

7. 麵糰擀成直徑約 9 公分的圓片狀，再將一份**紅豆沙**放在麵皮中央，為避免沾黏，可利用小湯匙將紅豆沙稍微壓平，以利於麵皮的包合動作（**圖5**）。

8. 用虎口將麵皮收口黏合（**圖6**）。

9. 包好內餡後，放在室溫下鬆弛約 3 分鐘（**圖7**）。

10. 用手輕輕將麵糰壓平，並在中心點處用筷子插入呈一凹洞（**圖8**）。

11. 用三角鋸齒板將圓形麵糰分割成8等分（**圖9**）。

12. 在麵糰中心點放上切碎的**蔓越梅乾**裝飾（**圖10**）。

蒸熟

13. 包好後的包子放在防沾蠟紙上，直接放入蒸籠內，蓋上蒸籠蓋，進行最後發酵約15分鐘。

14. 麵糰發酵後，鍋中放入冷水，將蒸籠放在鍋上，熱水沸騰後算起，以中大火蒸約 12 分鐘（從冷水蒸起，全程約需 17 分鐘）。

＊「三角鋸齒板」即一般蛋糕裝飾時所使用的道具，如無法取得，可利用塑膠刮板來製作。

兔子芝麻包

用芝麻餡做包子，當然是甜的麵點，
為了與鹹口味的圓形包子有所區隔，
因此必須在外形上加以變化，
如兔子、刺蝟、佛手等造型，
都是常見的樣式，或有興趣的話，
也可利用同樣麵皮，做不同的創意變化。

份量： 10 個

內餡材料

1. 黑芝麻粉　60克
2. 無鹽奶油　30克
3. 糖粉　30克

外皮材料（一次攪拌法）

1. 水　105克
2. 即溶酵母　2克（1/2小匙）
3. 中筋麵粉　200克
4. 細砂糖　15克
5. 沙拉油　5克

做法

內餡製作

1

將**黑芝麻粉**、**無鹽奶油**以及**糖粉**放在一起。

2

用手將所有材料抓成糰狀。

3

芝麻內餡分成 10 等分備用。

包子皮製作

4. 請看 p.109 的一次攪拌法。

包餡

5

將麵糰分割成 10 等分。

6

將分割後的小麵糰用手稍作整形，以利擀皮動作。

7. 小麵糰的整形、擀皮請參考 p.180 芋泥三角包的**包餡** 7. 8. 9.。

8

用虎口將麵糰收口黏合。

9

用雙手的食指捏塑麵糰呈兔子的頭形。

10

在兔子的頭形前，剪出雙耳並在眼睛部位黏上切碎的蔓越梅乾（或成品蒸熟後，再用色素點出眼睛）。

蒸熟

11. 包好後的兔子包放在防沾蠟紙上，直接放入蒸籠內，蓋上蒸籠蓋，進行最後發酵約 15 分鐘。

12. 麵糰發酵後，鍋中放入冷水，將蒸籠放在鍋上，熱水沸騰後算起，以中大火蒸約 8 分鐘（從冷水蒸起，全程約需 13 分鐘）。

＊黑芝麻粉：呈黑色粉抹狀，經常用於各式點心中，增添產品香氣與風味，需選購不含糖的黑芝麻粉製作較佳。

老麵烙餅類

越嚼越香的好滋味

「老麵」之於麵食，不單只是發酵的「引子」，其中還蘊含難能可貴的人情味。記得以前住在南部眷村，左右鄰舍幾乎都以麵食當主食，那個年代很難買到酵母粉，因此老麵就成了不可或缺的主角；如果誰家想做麵食，就算缺了老麵也不用擔心，因為隨時可以跟鄰居要塊老麵來用。印象中，還有些長輩將「老麵」裹上厚厚的一層麵粉，然後放在通風乾燥的地方，讓老麵自然風乾，變得又乾又硬後，就可以長期保存，等到要使用時，再掰下需要的量，剝碎後用水泡軟，即可製作麵食。雖然每戶人家都同樣以老麵製作，但所做出的麵食品質卻大不相同。在物資缺乏的那個年代，大家擁有共同的生活模式與飲食習慣，「跟鄰居要老麵」實在是很溫馨的一件事，但對現代人來說，是不可能出現的。

用老麵做的各式北方麵食，種類繁多，滋味各異，但幾乎都具備耐吃又止飢的特質，對酷愛麵食的人而言，無疑是渾然天成的人間美味。換言之，老麵即是美味的關鍵，這點絕非商業酵母所能取代的。利用活生生的老麵來製作麵食，充滿生命力的過程，既有趣又有成就感，就如本單元的老麵製品，值得一試。

老麵烙餅類的麵食製作

好吃的老麵烙餅，取決於餅的嚼感、香氣與風味，不同屬性的烙餅，會呈現不同的彈性與質地。一般來說，烙製麵食幾乎都以發酵麵為主，但不同的發酵方式卻呈現不同的品嚐口感，用老麵取代市售的酵母來發酵，雖然需要花較多的時間，但成品風味絕對更勝一籌。

在眾多的烙餅品項中，外型有厚有薄，口感有軟有硬，因此製作時必須依照產品的特性，準備軟硬適中的麵糰。

1. **軟麵糰**：適用於鬆軟包餡的發酵烙餅，例如蔥花烙餅、紅豆烙餅或未包餡的軟式烙餅。
2. **硬麵糰**：適用於組織紮實又緊密的麵食，例如槓子頭、厚鍋餅等。

製作老麵類麵食的流程

培養老麵 → 揉麵 → 整形 → 烙熟

培養老麵

1. 製作各式烙餅前，可事先安排時間培養老麵，即可在預定時間內開始製作。
2. 培養老麵方式，請看 p.115 「培養麵種製成老麵」。

揉麵

1. 老麵培養完成後，取出需要的用量，與材料中列出的用料（麵粉、水、細砂糖等）混合，再搓揉成糰即可。

2. 請看 p.108 「手工揉麵vs.機器攪拌」。

3. 麵糰揉成光滑狀，有利於成品的細緻度。

4. 麵糰揉製完成後，將麵糰放在室溫下，依麵糰軟硬度訂定鬆弛時間，以便於整形，較軟的麵糰鬆弛時間約 5 分鐘（例如蔥花烙餅、紅豆烙餅），較硬的麵糰則需較長時間，總之，鬆弛的程度以麵糰能夠順利操作為原則。

整 形

以老麵製成的各式烙餅，其整形方式分別以包餡、未包餡兩種方式說明：

1. **包餡**：麵皮較大時，以雙手擀麵，由麵糰中心部位向四周擀開（**圖1**），不要刻意擀得太薄，直接用手掌將麵糰壓扁亦可。

2. **未包餡**：在擀麵、整形過程中，視麵糰筋性，需給予麵糰時間進行鬆弛，不可勉強操作，例如製作厚鍋餅時，捲完後的麵糰又硬又厚，如省略鬆弛過程，就無法順利擀開麵糰。

烙 熟

🥢 最後發酵

麵糰要入鍋烙製前，也跟饅頭一樣要進行最後發酵，要注意的是，發酵時必須依照烙餅的屬性、大小、厚薄，或個人喜好的口感，給予麵糰適當的發酵時間，才能發揮不同產品的口感特性。

1. **軟麵糰**：發酵時間要足夠，麵糰才可入鍋，成品的口感應鬆軟，觸感要具彈性，即具有「全發麵」的特質，例如包餡的蔥花烙餅、紅豆烙餅。

2. **硬麵糰**：整形後讓麵糰稍微發酵且定型即可入鍋；因麵糰內水分含量低，所以無法像軟式麵糰發酵膨脹，即具有「小發麵」的特質，例如槓子頭、厚鍋餅等。

🥢 烙製方式

1. 使用前平底鍋務必清洗乾淨，在烙製受熱時才不容易出現焦黑現象。

2. 視種類與厚薄度調整火候大小。越大越厚的麵糰，例如厚鍋餅，全程必須以最小的火苗慢慢烙製，烙製過程中必須適時調整麵糰位置，使得受熱平均，內部才能熟透；而稍薄的蔥花烙餅、紅豆烙餅等，則應以中小火烙製。

3. 入鍋乾烙時，平底鍋不需事先加熱，感覺麵皮稍微上色即可翻面，兩面輪流烙，適時進行翻面。

4. 烙製時，需蓋上鍋蓋，偶爾開蓋檢視或翻面時，必須將蓋內水蒸氣擦乾。

材料（老麵發酵法）

餅皮	內餡
1. 老麵　500克	1. 蔥花　80克
2. 水　50克	2. 豬油（或沙拉油）　5g（1小匙）
3. 中筋麵粉　150克	3. 鹽　1/2小匙
4. 細砂糖　25克	
5. 鹽　3克（1/2小匙）	

做法

1. 老麵置於容器內，將水、麵粉、細砂糖以及鹽倒入，先用橡皮刮刀攪至水分消失，再將材料移至工作檯上搓揉。
2. 搓揉成光滑狀麵糰，將麵糰放在室溫下鬆弛約 5 分鐘，即可開始整形（**圖1**）。
3. 麵糰分割成 2 等分，將麵糰稍微整成圓形（**圖2**）。
4. 先用手將麵糰壓扁，再用擀麵棍由麵糰中心部位向四周擀開（**圖3**）。
5. 將麵糰擀成直徑約 20 公分的圓餅狀（**圖4**）。
6. 內餡材料混合均勻後，倒入約1/2 的份量於麵糰上（**圖5**）。
7. 麵糰放在工作檯上，將四周黏合（**圖6**）。
8. 注意封口需確實黏緊，包好後放在室溫下鬆弛約 8 分鐘（**圖7**）。
9. 麵糰鬆弛後，再用擀麵棍輕輕地擀成直徑約 18 公分的圓餅狀（**圖8**）。
10. 包好的麵糰放在室溫下發酵約 15～25 分鐘，再將麵糰正面朝下放入平底鍋內（**圖9**）。
11. 用小火乾烙，當麵糰上色後即可翻面，將兩面烙成金黃色即可（**圖10**）。

蔥花烙餅

以蔥入餅,果真是變化多端,薄的、酥的、Q 的各種不同口感的餅,
都能與蔥花搭配,似乎只要加了蔥花,就顯得很家常又討好。
這款蔥花烙餅,皮軟餡香,特別是以老麵製作,更是美味升級,
如果沒有包蔥花,就如台灣俗稱的「豆標」(或稱作「小時候的大餅」),
是很多人熟悉的傳統滋味,也是常見的小吃麵點。

＊材料混合後的揉麵方式,如 p.122 白饅頭的做法 3～6。
＊處理內餡時,要注意:
 1. 蔥可提早清洗好並瀝乾水分,放在室溫下儘量風乾。
 2. 麵糰揉好進行鬆弛時,開始準備內餡,不要太早拌合,以
  免蔥花出水。
 3. 將豬油(或沙拉油)先拌入蔥花中攪勻再加鹽,可隔絕鹽
  分與蔥花直接接觸,以免蔥花出水。
＊做法 3 中分割後的麵糰,需用手稍微搓圓,以便製作。整成
 圓形後,鬆弛約5分鐘,也可直接用手壓平再包餡,未必非
 要使用擀麵棍擀開。
＊做法 8 中包好內餡的麵糰,勿立即擀開,稍作鬆弛後再擀,
 麵皮才不會破。
＊烙製時的注意事項,請看 p.187 烙製方式。

紅豆烙餅

紅豆烙餅與「蔥花烙餅」有異曲同工之妙，
由鹹變甜，轉換成另一種可口美味。
而與豆沙鍋餅相較，雖同是「紅豆餅」，
但在餅皮變化下，正好可以品嚐出這一厚一薄間的口感差異。
喜歡有嚼感的人，絕不能錯過用老麵做的紅豆烙餅。

份量：6 個

材料（老麵發酵法）

餅皮
1. 老麵　500克
2. 鮮奶　50克
3. 中筋麵粉　150克
4. 細砂糖　50克
5. 鹽　1/4小匙

內餡
紅豆沙　300克

做法

1. 老麵置於容器內，將鮮奶、麵粉、細砂糖以及鹽倒入，先用橡皮刮刀攪至水分消失，再將材料移至工作檯上搓揉。

2. 搓揉成光滑狀麵糰，將麵糰放在室溫下鬆弛約 5 分鐘，即可開始整形。

3
將麵糰、紅豆沙分別分割成6等分，麵糰分割後稍微整形成圓球形。

4
先用手將麵糰壓扁，再用擀麵棍由麵糰中心部位向四周擀開，直徑約 10 公分。

5
紅豆沙包入麵糰中，將四周黏合。

6. 注意封口需確實黏緊，包好後麵糰放在室溫下鬆弛約 5 分鐘。

7
麵糰鬆弛後再用手輕輕壓平，放在室溫下發酵約10～15 分鐘。

8
麵糰正面朝下放入平底鍋內，用小火乾烙。

9. 麵糰上色後即可翻面，將兩面烙成金黃色即可。

＊材料混合後的揉麵方式，如 p.122 白饅頭的做法 3～6。
＊做法 3 中分割後的麵糰，整成圓形後，鬆弛約 5 分鐘，也可直接用手壓平再包餡，未必非要使用擀麵棍擀開。
＊烙製時的注意事項，請看 p.187 烙製方式。

槓子頭 （參見DVD示範）

　　槓子頭是北方麵食之一，對山東人來說更是情有獨鍾，記得以前家父便是如此。槓子頭以水分含量極低的硬麵糰製作而成，所以被視為乾糧，既耐放又便於攜帶，其堅硬如石的特色，甚至用來形容一個人的倔強脾氣。

　　對現代年輕人而言，「槓子頭」三個字或許很陌生，甚至也很難見到，但在過去，卻常出現於眷村中。最特別的是，店家會用熱炕的傳統方式烙熟，剛出爐時散發誘人的香氣，在遠處就可聞到，皮脆內軟，非得趁熱吃才夠美味，剛入口時感覺很平淡，慢慢咀嚼後口中散發著麵香和自然的甜味。冷卻後的槓子頭會變得更硬，因此也可以掰成小塊放入熱湯裡，吃起來的感覺與麵疙瘩有異曲同工之妙。

　　北方麵食中有很多硬式產品是利用老麵發酵，並以烙、烤方式製成，都可統稱「火燒」，所以槓子頭即是火燒的一種。槓子頭的麵糰非常硬，很難用手搓揉，古法製作便以木槓翻打麵糰，因此稱作「槓子頭」。成形後的槓子頭還會在邊緣割出刀痕，並在表面中心位置印上各式圖案或標語，藉以顯示獨特性或使成品更加美觀。

份量：7 個

材料（老麵發酵法）

1. 老麵　60克
2. 水　150克
3. 中筋麵粉　300克

做法

1. 老麵置於容器內，將水、麵粉倒入，先用橡皮刮刀攪至水分消失，再將材料移至工作檯上搓揉。
2. 搓揉成三光麵糰，將麵糰放在室溫下鬆弛約 5 分鐘，即可開始整形。
3. 將麵糰搓成長條狀，分割成 7 等分（圖1）。

4. 將每份麵糰搓揉，並壓出多餘氣泡，成品的內部組織才不會出現孔洞（圖2）。

5. 將搓揉後的麵糰底部確實黏緊（圖3）。

6. 搓揉、整形後的麵糰，呈較工整的形狀，麵糰放在室溫下鬆弛約 10 分鐘（圖4）。

7. 將麵糰放入直徑約 8 公分的圓模內，用手將麵糰壓平（圖5）。

8. 壓平後的麵糰直徑約7.5公分，用圓刻模在麵糰中心壓出痕跡（圖6）。

9. 再用擀麵棍在麵糰表面輕輕擀平（圖7）。

10. 用利刀在麵糰邊緣割出 8 個斜刀口（圖8）。

11. 將整形後的麵糰正面朝下放在烤盤上，室溫發酵約 20 分鐘後，用竹籤在麵糰上插洞，再放入已預熱的烤箱中，以上、下火約 190℃ 烤焙約 30 分鐘。當麵糰上色後即翻面，繼續將另一面烤成金黃色即可。

＊材料中所列的份量不多，以手工揉麵即可順利完成。

＊材料混合後的揉麵方式，如 p.122 白饅頭的做法 3～6。

＊將麵糰放入圓模內（做法7），可讓麵糰在固定範圍內塑形，較容易控制外觀；只要符合製作尺寸的圓盒（或中空框模）都可利用。

＊做法 8 裡的中空圓刻模直徑約 3 公分，除具有造型效果外，壓在麵糰表面，在烘烤受熱時，產品較不會過度膨脹。若沒有中空圓刻模，任何平面式的小圓模或個人喜愛的圖案均可。

＊烘烤時，需適時加以翻面，兩面都須上色；烘烤完成後，成品會膨脹是正常現象，可趁熱用鍋鏟拍平。

＊麵糰要進烤箱時用竹籤插幾個洞，可防止麵糰過度膨脹。

＊如家裡沒有烤箱，也可利用平底鍋以小火慢慢乾烙，直到兩面上色為止。

泡饃

　　所謂「饃」，泛指以發酵方式製成的麵食，不過大多時候是指饅頭，記得很早以前，曾聽過家父稱饅頭為「饃饃」，吃饅頭，就說「吃饃饃」。

　　泡饃是中國西北地區的麵食，從材料內容可看出，只用了極少的老麵製作，表示這種產品幾乎沒有發酵，因此麵糰非常緊密，烙好的成品具有紮實的觸感。

　　坊間有些專賣陝北菜的餐館，就有這道泡饃料理，店家會請客人用手將泡饃撕成如花生米的大小，然後再交給店家，加入牛肉湯或是羊肉湯內一起煮，這樣的過程即稱「煮饃」。雖然泡在湯裡，但泡饃仍具有嚼勁。不過中國西北地區也有較粗獷的吃法，就是不煮饃，而是食客自己邊吃饃邊喝湯，或是自己將饃撕碎泡在湯裡來吃，總之，就是吃饃喝湯，才能發揮這道麵食的地方特色。

份量：8 個

材料（老麵發酵法）

1. 老麵　30克
2. 水　150克
3. 中筋麵粉　300克
4. 鹽　1/4小匙

做法

1. 老麵置於容器內,將水、麵粉以及鹽倒入,先用橡皮刮刀攪至水分消失,再將材料移至工作檯上搓揉(揉麵如p.122 白饅頭的做法 3～6)。

2. 搓揉成三光麵糰,將麵糰放在室溫下鬆弛約 5 分鐘,即可開始整形。

3. 將麵糰搓成長條狀,分割成8 等分(圖1)。

4. 將每份麵糰搓揉,壓出多餘氣泡,成品的內部組織才不會出現孔洞;將搓揉後的麵糰底部確實黏緊(如 p.192 槓子頭的做法 4～5)。

5. 搓揉、整形後的麵糰,呈較工整的形狀,麵糰放在室溫下鬆弛約 10 分鐘(圖2)。

6. 將麵糰放入直徑約 8 公分的圓框內,用手將麵糰壓平(圖3)。

7. 麵糰放入平底鍋內,用小火乾烙,當接觸鍋底的麵糰定型後,即可翻面。

8. 泡饃撕碎後,倒入各式湯品中一起加熱即可食用。

＊將麵糰放入圓框內(做法 6),可讓麵糰在固定範圍內塑形,較易控制外觀;只要符合製作尺寸的圓盒都可利用。

＊製作泡饃除了利用平底鍋外,也可利用烤箱,以上、下火約 200℃烤焙約 20 分鐘,將麵糰烤乾。

＊無論利用平底鍋或是烤箱,只要將麵糰烤乾、烤透即可,用平底鍋烙製,成品表面較容易上色,而烤箱烘烤可不上色,烙熟(烤熟)後的成品,仍是軟的質地,與槓子頭的觸感完全不同。

材料（老麵發酵法）

1. 老麵　500克
2. 水　200克
3. 中筋麵粉　500克
4. 鹽　1/2小匙
5. 細砂糖　60克

做法

1. 老麵置於容器內，將水、麵粉、鹽以及細砂糖倒入，先用橡皮刮刀攪至水分消失，再將材料移至工作檯上搓揉。

2. 搓揉成三光麵糰，將麵糰放在室溫下鬆弛約5分鐘，即可開始整形。

將麵糰搓成長條狀。

4. 麵糰分割成8等分，將每份麵糰搓揉至光滑細緻，壓出多餘氣泡。

5. 將搓揉後的麵糰底部確實黏緊（如 p.192 槓子頭的做法 4～5）。

搓揉、整形後的麵糰，呈較工整的形狀，麵糰放在室溫下，鬆弛約10分鐘。

將麵糰擀成直徑約10公分的圓片狀。

整形後的麵糰，放在室溫下發酵約15分鐘後，將麵糰正面朝下放入平底鍋內，用小火乾烙。

9. 麵糰上色後即可翻面，將兩面烙成金黃色即可。

10. 烙熟後的肉夾饃，從中間橫切為二，再夾上個人喜愛的食材。

＊材料混合後的揉麵方式，如 p.122 白饅頭的做法 3～6。

＊烙製時的注意事項，請看 p.187 烙製方式。

肉夾饃

當你看到「肉夾饃」這個名字，會認為是肉夾著饃？

但照片中明明是饃夾著肉，為何要叫肉夾饃？

原來是從「肉夾於饃中」的意思而來。

肉夾饃也是中國西北地區知名的麵食小吃，

與泡饃的不同點是成品較鬆軟，

正宗的吃法，是夾著臘汁肉（滷肉）或牛肉來吃，

再淋上肉湯，肉的肥瘦比例可自行搭配，

這種發酵麵食包著肉類食用，被很多人喻為「中國的漢堡」。

厚鍋餅

　　很多人對厚鍋餅的印象，多半來自於街頭巷尾賣大餅的老伯伯，超大塊的餅放在木箱中，蓋著厚綿布保溫著，以秤斤論兩的方式切給客人。厚鍋餅是山東人愛吃的麵食之一，既紮實又厚重，耐吃耐嚼，很有飽足感，巨大的外型堪稱「餅中之王」。

　　製作厚鍋餅其實不難，只要花些時間、付出耐心，慢慢進行養老麵、揉麵、擀麵、捲麵、整形等基本動作，再以小火慢烙，適時翻面讓餅上色，即能完成。也唯有自己做，才能吃到剛烙熟的真滋味，殼脆、內軟，越嚼越香。另外也可比照槓子頭，如法炮製一番，將厚鍋餅掰碎加入湯中，即成有湯有麵的好料理。

份量：1 個

材料（老麵發酵法）

1. 老麵　1000克
2. 水　25克
3. 細砂糖　30克
4. 中筋麵粉　300克
5. 低筋麵粉　200克
6. 黑芝麻　1 大匙

做法

1. 老麵置於容器內,將水、細砂糖以及麵粉倒入混合。
2. 搓揉成三光麵糰,將麵糰放在室溫下鬆弛約 10 分鐘,即可開始整形。
3. 將麵糰搓成長條狀(圖1)。
4. 麵糰擀成長約 75 公分、寬約 10 公分的長方形,在麵糰表面均勻地刷上清水(圖2),再緊密捲成圈狀(圖3)。
5. 麵糰捲至尾端時,需將尾端的麵糰擀扁,有助於麵糰黏合(圖4)。
6. 麵糰捲好後,放在室溫下鬆弛約 20 分鐘(圖5)。
7. 麵糰鬆弛後,用擀麵棍輕輕壓平擀開(圖6)。
8. 將麵糰放在網架上擀出格狀紋路,直徑約 23 公分的圓餅狀(圖7)。
9. 在麵糰表面均勻地刷上清水(圖8)。
10. 在麵糰表面均勻地撒上黑芝麻(圖9)。
11. 將竹籤插入每個格子中至麵糰的底部(圖10),有助於節省烙熟的時間。
12. 整形後的麵糰放在室溫下發酵約 30 分鐘。將麵糰正面朝下放入平底鍋內,蓋上鍋蓋用小火乾烙。
13. 當接觸鍋底的麵糰稍微上色即可翻面,兩面以**多次輪流翻面**烙製,麵糰才不容易燒焦;兩面烙成金黃色即可。起鍋前,欲確認是否烙熟,可用竹籤插入麵糰中檢視,如竹籤呈乾爽狀即可。
14. 熄火後,厚鍋餅不需立即剷起,可蓋上鍋蓋,利用鍋中餘溫繼續讓厚鍋餅受熱,以確保完全烙熟。

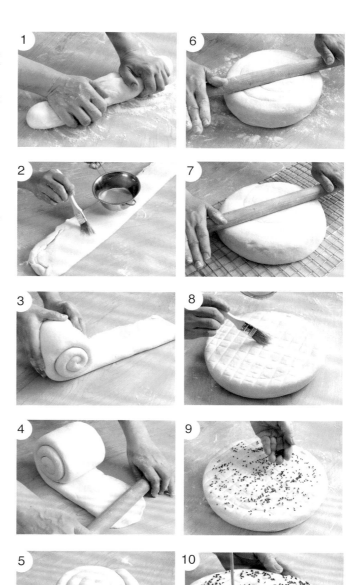

＊材料混合後的揉麵方式,如 p.122 白饅頭的做法3～6。
＊材料總重約 1.5 公斤,需要足夠力氣才可順利揉麵,請自行考量方便性,可減半製作。
＊如利用攪拌機攪拌麵糰,老麵、水以及細砂糖先放入攪拌缸內,麵粉分 2、3 次倒入,才不易飛散。
＊做法 8 將麵糰放在網架上擀製,會呈格子狀,除具裝飾效果外,還便於切割;可採用一般的烤肉架,在五金行即有販售。

【附錄】
全省烘焙材料行

台北市

燈燦
103 台北市大同區民樂街125號
（02）2553-4495

日盛
103 台北市大同區太原路175巷21號1樓
（02）2550-6996

洪春梅
103 台北市民生西路389號
（02）2553-3859

果生堂
104 台北市中山區龍江路429巷8號
（02）2502-1619

申崧
105 台北市松山區延壽街402巷2弄13號
（02）2769-7251

義興
105 台北市富錦街574巷2號
（02）2760-8115

源記（富陽）
106 台北市大安區富陽街21巷18弄4號1樓
（02）2369-9568

正大（康定）
108 台北市萬華區康定路3號
（02）2311-0991

源記（崇德）
110 台北市信義區崇德街146巷41號1樓
（02）2736-6376

日光
110 台北市信義區莊敬路340號2樓
（02）8780-2469

大億
111 台北市士林區大南路434號
（02）2883-8158

飛訊
111 台北市士林區承德路四段277巷83號
（02）2883-0000

得宏
115 台北市南港區研究院路一段96號
（02）2783-4843

菁乙
116 台北市文山區景華街88號
（02）2933-1498

全家（景美）
116 台北市羅斯福路五段218巷36號1樓
（02）2932-0405

基隆

美豐
200 基隆市仁愛區孝一路36號1樓
（02）2422-3200

富盛
200 基隆市仁愛區曲水街18號1樓
（02）2425-9255

嘉美行
202 基隆市中正區豐稔街130號B1
（02）2462-1963

證大
206 基隆市七堵區明德一路247號
（02）2456-6318

台北縣

大家發
220 台北縣板橋市三民路一段101號
（02）8953-9111

全成功
220 台北縣板橋市互助街36號（新埔國小旁）
（02）2255-9482

旺達
220 台北縣板橋市信義路165號
（02）2952-0808

聖寶
220 台北縣板橋市觀光街5號
（02）2963-3112

佳佳
231 台北縣新店市三民路88號
（02）2918-6456

艾佳（中和）
235 台北縣中和市宜安路118巷14號
（02）8660-8895

安欣
235 台北縣中和市連城路347巷6弄33號
（02）2226-9077

全家（中和）
235 台北縣中和市景安路90號
（02）2245-0396

馥品屋
238 台北縣樹林市大安路173號
（02）8675-1687

鼎香居
242 台北縣新莊市新泰路408號
（02）2998-2335

永誠
239 台北縣鶯歌鎮文昌街14號
（02）2679-8023

崑龍
241 台北縣三重市永福街242號
（02）2287-6020

今今
248 台北縣五股鄉四維路142巷15、16號
（02）2981-7755

虹泰
251 台北縣淡水鎮水源街一段38號
（02）2629-5593

宜蘭

欣新
260 宜蘭市進士路155號
（03）963-3114

裕明
265 宜蘭縣羅東鎮純精路二段96號
（03）954-3429

桃園

艾佳（中壢）
320 桃園縣中壢市環中東路二段762號
（03）468-4558

家佳福
324 桃園縣平鎮市環南路66巷18弄24號
（03）492-4558

陸光
334 桃園縣八德市陸光街1號
（03）362-9783

艾佳（桃園）
330 桃園市永安路281號
（03）332-0178

做點心過生活
330桃園市復興路345號
（03）335-3963

新竹

永鑫
300 新竹市中華路一段193號
（03）532-0786

力陽
300 新竹市中華路三段47號
（03）523-6773

新盛發
300 新竹市民權路159號
（03）532-3027

萬和行
300 新竹市東門街118號（模具）
（03）522-3365

康迪
300 新竹市建華街19號
（03）520-8250

富讚
300 新竹市港南里海埔路179號
（03）539-8878

Home Box 生活素材館
320 新竹縣竹北市縣政二路186號
（03）555-8086

苗栗

天隆
351 苗栗縣頭份鎮中華路641號
（03）766-0837

台中

總信
402 台中市南區復興路三段109-4號
（04）2220-2917

永誠
403 台中市西區民生路147號
（04）2224-9876

永誠
403 台中市西區精誠路317號
（04）2472-7578

德麥（台中）
402 台中市西屯區黎明路二段793號
（04）2252-7703

永美
404 台中市北區健行路665號（健行國小
對面）
（04）2205-8587

齊誠
404 台中市北區雙十路二段79號
（04）2234-3000

利生
407 台中市西屯區西屯路二段28-3號
（04）2312-4339

辰豐
407 台中市西屯區中清路151之25號
（04）2425-9869

豐榮食品材料
420 台中縣豐原市三豐路317號
（04）2522-7535

彰化

敬崎（永誠）
500 彰化市三福街195號
（04）724-3927

家庭用品店
500 彰化市永福街14號
（04）723-9446

永明
508 彰化縣和美鎮鎮平里彰草路2段120
號之8
（04）761-9348

永誠
508 彰化縣和美鎮彰新路2段202號
（04）733-2988

金永誠
510 彰化縣員林鎮員水路2段423號
（04）832-2811

南投

順興
542 南投縣草屯鎮中正路586-5號
（04）9233-3455

信通行
542 南投縣草屯鎮太平路二段60號
（04）9231-8369

宏大行
545 南投縣埔里鎮清新里永樂巷16-1號
（04）9298-2766

嘉義

新瑞益（嘉義）
660 嘉義市仁愛路142-1號
（05）286-9545

采軒
660 嘉義市撫順二街51號
（05）233-5291

雲林

新瑞益（雲林）
630 雲林縣斗南鎮七賢街128號
（05）596-3765

好美
640 雲林縣斗六市明德路708號
（05）532-4343

彩豐
640 雲林縣斗六市西平路137號
（05）534-2450

台南

瑞益
700 台南市中區民族路二段303號
（06）222-4417

富美
704 台南市北區開元路312號
（06）237-6284

世峰
703 台南市北區大興街325巷56號
（06）250-2027

玉記（台南）
703 台南市西區民權路三段38號
（06）224-3333

永昌（台南）
701 台南市東區長榮路一段115號
（06）237-7115

永豐
702 台南市南區賢南街51號
（06）291-1031

銘泉
704 台南市北區和緯路二段223號
（06）251-8007

上輝行
702 台南市南區興隆路162號
（06）296-1228

佶祥
710 台南縣永康市永安路197號
（06）253-5223

高雄

玉記（高雄）
800 高雄市六合一路147號
（07）236-0333

正大行（高雄）
800 高雄市新興區五福二路156號
（07）261-9852

新鈺成
806 高雄市前鎮區千富街241巷7號
（07）811-4029

旺來昌
806 高雄市前鎮區公正路181號
（07）713-5345-9

德興（德興烘焙原料專賣場）
807 高雄市三民區十全二路103號
（07）311-4311

十代
807 高雄市三民區懷安街30號
（07）381-3275

德麥（高雄）
807 高雄市三民區銀杉街55號
（07）397-0415

茂盛
820 高雄縣岡山鎮前峰路29-2號
（07）625-9679

鑫隴
830 高雄縣鳳山市中山路237號
（07）746-2908

屏東

啟順
900 屏東市民和路73號
（08）723-7896

翔峰
900 屏東市廣東路398號
（08）737-4759

翔峰（裕軒）
920 屏東縣潮州鎮太平路473號
（08）788-7835

台東

玉記行（台東）
950 台東市漢陽北路30號
（089）326-505

花蓮

大麥
973 花蓮縣吉安鄉建國路一段58號
（03）846-1762

萬客來
970 花蓮市和平路440號
（03）836-2628

國家圖書館出版品預行編目資料

孟老師的中式麵食/孟兆慶著.--初版.
  -- 臺北縣深坑鄉：葉子，2009.03
    面；　公分.--（銀杏）

ISBN 978-986-7609-98-4（平裝附光碟）

1.麵食食譜

427.38   98001348

 銀杏 Ginkgo

孟老師的中式麵食

作　　　者／孟兆慶
出　　　版／葉子出版股份有限公司
發 行 人／葉忠賢
總 編 輯／閻富萍
美術設計／莊心慈、王麗鈴（桃子創意坊）
攝　　　影／徐博宇、林宗億（迷彩攝影）
DVD 製作／李永剛（可比創意）
印　　　務／許鈞棋

地　　　址／新北市深坑區北深路三段 260 號 8 樓
電　　　話／886-2-8662-6826
傳　　　真／886-2-2664-7633
服務信箱／service@ycrc.com.tw
網　　　址／www.ycrc.com.tw

印　　　刷／鼎易印刷事業股份有限公司
I S B N ／978-986-7609-98-4
初版一刷／2009 年 3 月
初版三十刷／2019 年 6 月
新 台 幣／420 元

總 經 銷／揚智文化事業股份有限公司
地　　　址／新北市深坑區北深路三段 260 號 8 樓
電　　　話／886-2-8662-6826
傳　　　真／886-2-2664-7633